52款免揉面包

(日)藤田千秋◇著　　何凝一◇译

煤炭工业出版社
·北　京·

目录 CONTENTS

第一章 不要模具！无需切分！**完整独立的烘焙面包**

第二章 掌握切分技巧！**餐包 & 使用模具制作的烘焙面包**

【切分烘焙面包】

【用模具烘烤面包】

第三章 从制作到完成只需 40 分钟！**无需等待可直接烘烤的面包**

目录 CONTENTS

第四章 款待亲友的首选菜肴 与面包结合的趣味料理

第五章 动手前先检查！面包制作的基本材料 & 工具

本书中的默认事项

◉ 高筋面粉均使用“日清 Camelia 高筋小麦粉”。使用其他面粉时，所用水量多少会有变化，可酌情而定调整。

◉ 砂糖无特殊标记，均是指绵白糖。选用无盐黄油和大号鸡蛋。

◉ 面包食谱中使用的面粉均以 150g 为基准，份量恰到好处（2 人份）。如果需要加量制作，请准备两个碗，分开揉面。

◉ 面团进行一次发酵（前半段・后半段）时，室温的标准温度在 25 度前后。如果室温较低，可适当延长发酵时间（或是使用烤箱的发酵功能，设定温度为 30~33 度）。

◉ 关于计量单位，1 小匙 =5mL，1 大匙 =15mL，1 杯 =200mL。

◉ 关于烘烤时间和温度，基本以电烤箱为基准（燃气烤箱需调低 10 度）。不同型号的烤箱多少存在差异，可参考食谱的烘烤时间、温度，观察面包的状态再作调整。

◉ 电烤箱的加热时间以 600W 为参考标准。500W 则需调至 1.2 倍，700W 则是 0.8 倍。因型号的关系，加热时间的长短也会存在差异，请观察面包的状态再作调整。

◉ 料理分量的参考标准可分为 3~4 人份、酌情增减等多种。请参照具体页码中的说明确认。

◉ 步骤说明中省去了清洗蔬菜的工序。去皮、去蒂等基本工序也不再赘述。

一眼就明白 & 清楚
针对初学者的详细解说!

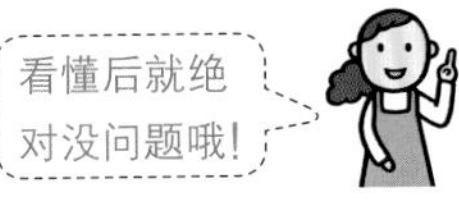

针对各类参考标准、小窍门，给出的贴心建议

除了解读制作方法外，还有醒目的参考标准和小窍门提示，贴心的“对话框”模式，仿佛老师在场亲自指导哦。

对比查看发酵前、发酵后的状态

对于初学者来说，面包制作过程中最困惑的部分莫过于发酵前、发酵后面团的大小区别。本书将两者进行了比较，方便理解!

特别标记出参考温度和时间

发酵时间与烘烤温度一目了然。既可预测制作时间，又不会弄错烘烤的温度。

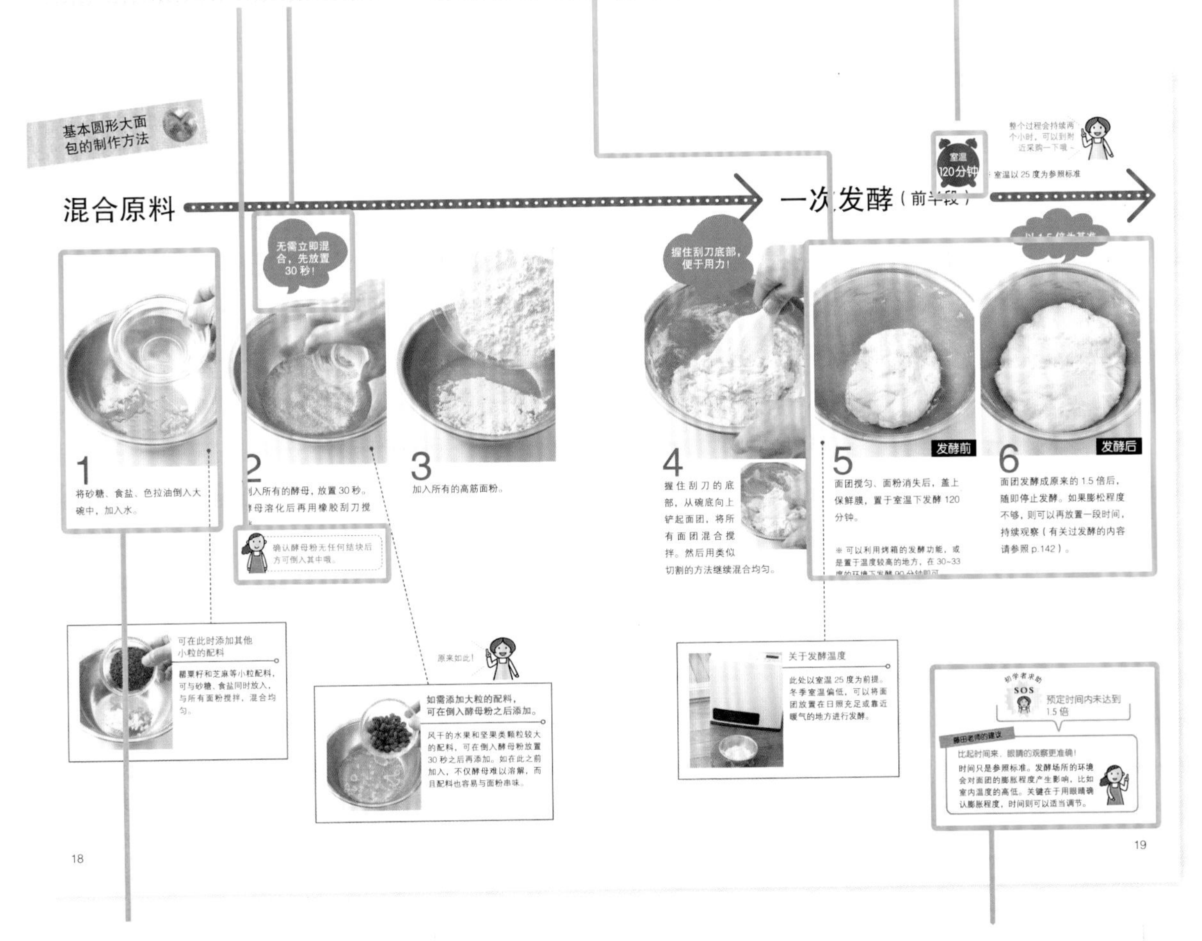
基本圆形大面包的制作方法

混合原料

无需立即混合，先放置30秒!

1 将砂糖、食盐、色拉油倒入大碗中，加入水。

2 倒入所有的酵母，放置30秒。酵母溶化后再用橡胶刮刀搅

确认酵母粉无任何结块后方可倒入其中哦。

3 加入所有的高筋面粉。

可在此时添加其他小粒的配料

罂粟籽和芝麻等小粒配料，可与砂糖、食盐同时放入，与所有面粉搅拌，混合均匀。

原来如此!

如需添加大粒的配料，可在倒入酵母粉之后添加。

风干的水果和坚果类颗粒较大的配料，可在倒入酵母粉放置30秒之后再添加。如在此之前加入，不仅酵母难以溶解，而且配料也容易与面粉串味。

18

握住刮刀底部，便于用力!

4 握住刮刀的底部，从碗底向上铲起面团，将所有面团混合搅拌。然后用类似切割的方法继续混合均匀。

室温 120分钟

※室温以25度为参照标准

整个过程会持续两个小时，可以到附近采购一下哦～

一次发酵（前半段）

5 发酵前

面团搅匀、面粉消失后，盖上保鲜膜，置于室温下发酵120分钟。

※ 可以利用烤箱的发酵功能，或是置于温度较高的地方，在30~33

6 发酵后

面团发酵成原来的1.5倍后，随即停止发酵。如果膨松程度不够，则可以再放置一段时间，持续观察（有关过发酵的内容请参照p.142）。

关于发酵温度

此处以室温25度为前提。冬季室温偏低，可以将面团放置在日照充足或靠近暖气的地方进行发酵。

初学者求助 SOS

预定时间内未达到1.5倍

藤田老师的建议

比起时间来，眼睛的观察更准确!

时间只是参照标准。发酵场所的环境会对面团的膨胀程度产生影响，比如室内温度的高低。关键在于用眼睛确认膨胀程度，时间则可以适当调节。

19

大图片显示，清楚明白!

采用大图片步骤解说，可以清楚看到碗内的状态、工序的推进方法等，让初学者安心操作。

初学者的“？”和易出错要点的详细解说

“可以这样吗？”“不能这样吗？”面对初学者的不安与疑问，老师都会予以解答，帮助大家零失败完成制作。

绊倒初学者

面包制作过程中的“困

1 揉面还需大气力

一般的面包食谱中都会提到揉面的工序。在台面上拍打面团，或是用尽全身力气压按，来来回回15分钟，使出浑身解数。若是揉面不充分，面团膨胀度欠缺，还会影响到烘烤出炉后面包的大小。一想到要用“蛮力”，很多初学者还没开始就已经放弃。

2 揉面过程中不能停顿

一旦开始揉面，就要贯穿始终，不能中断。所以千万不要有快递出现啊！另外，从面包制作过程本身，直到烘烤完成的整个阶段，如果中途停顿，会导致面团变干、发酵受阻。因此时间必须有保证！这样的日子好难找啊，太麻烦。

境”！

自己动手烘烤面包！想是想，可是制作面包的工序看起来好难啊，感觉好麻烦……总有人在动手前就被打败，对吧？我们特地总结了一些绊倒初学者的“困境”，一起来看看吧。

3 成形效果参差不齐

面包的类型决定了成形的多样性。而且有的成形步骤复杂、切分成形的方法各种各样。还没有掌握松软面包的习性，就已经不知所措，面团慢慢变干、变质……结果烤出的面包良莠不齐，超级灰心！这也是导致初学者遭遇失败的原因之一。

4 厨房里到处都是面粉

揉面粉时无法避免的事——厨房里都是面粉。用力揉合面团时，面粉扑腾扑腾地散落，到处都是，过后还得打扫。如此麻烦，再也不想做第二次了。

没有任何繁琐工序!

免揉面包其实很简单♪

1

用橡胶刮刀搅拌

普通揉面需要15分钟，
此方法3分钟即可。

2

一次发酵（前半段·后半段）

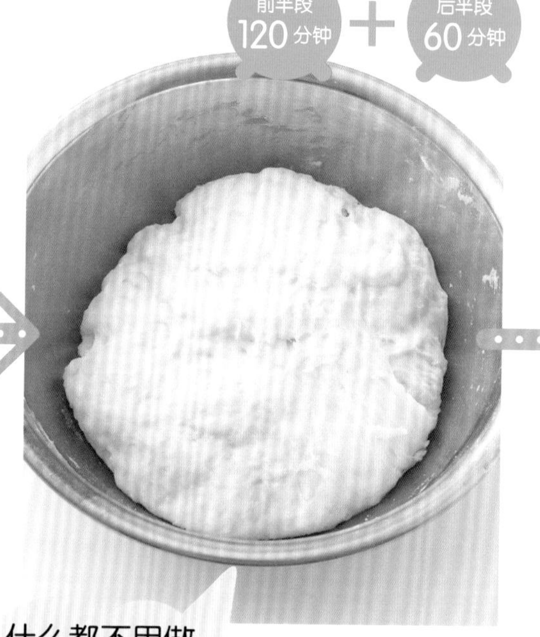

什么都不用做，
放在室温下
发酵即可。

稍微花点时间

免揉面包的发酵过程比较长，一次发酵的前半段需要120分钟，后半段需要60分钟，稍微有点花时间（比快手面包长了1小时20分钟）。但并不需要特殊的操作环境，放置在室温下即可。可以利用这段时间外出购物、做些家务、吃午饭等，自由支配时间真方便。

用一个碗就可以轻松制作出一个圆圆的大面包。省去揉面的过程，面包制作也变得非常简单。详情查看基本圆形大面包的制作方法！

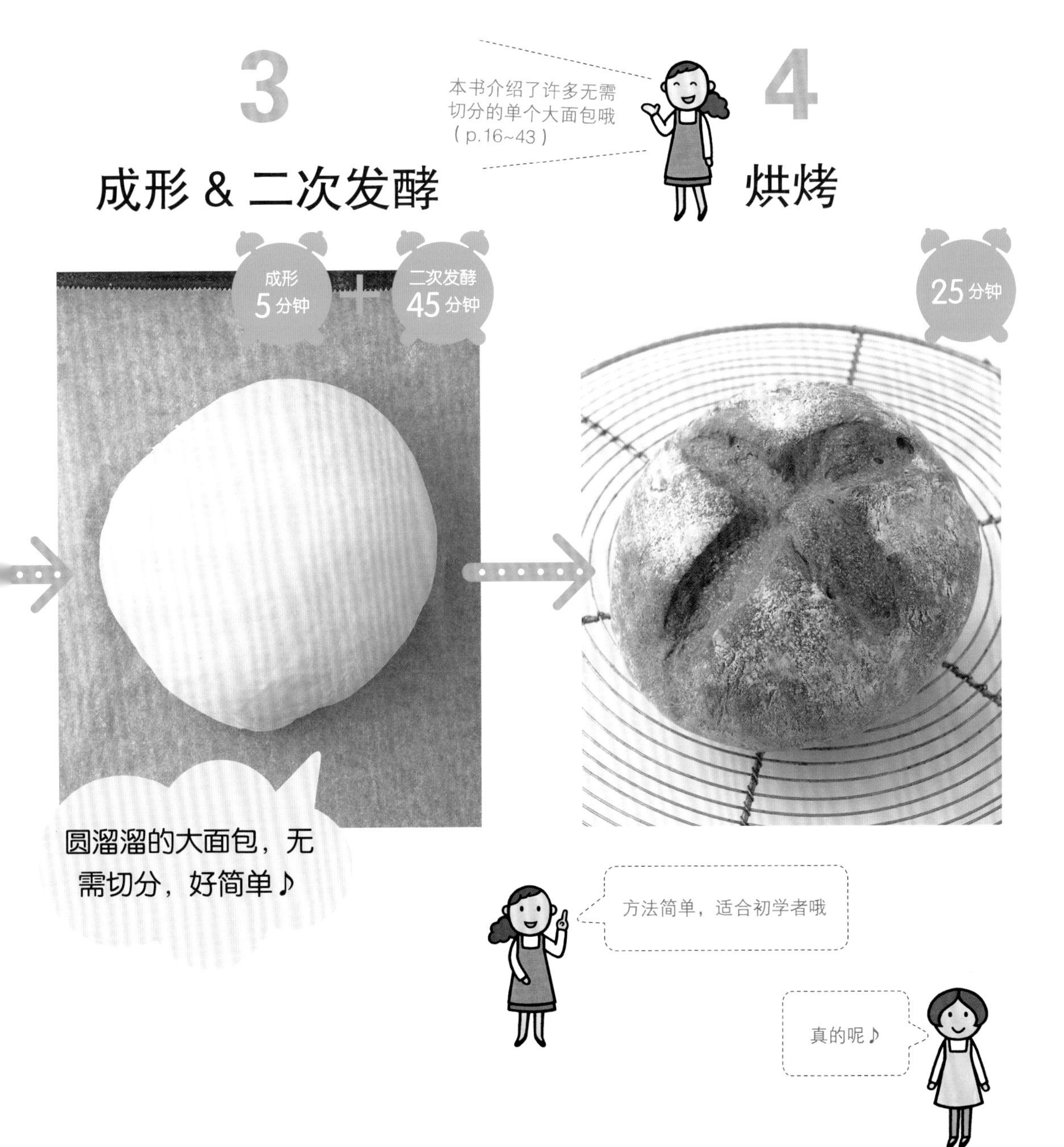

让初学者欣喜不已

免揉面包的优点!

1 无需揉面，初学者也没问题

导致制作面包失败的原因通常都是揉面不充分。而免揉面包只需将面粉倒在碗中，搅拌均匀后即可。省去揉面的工序，即便是初学者也几乎不可能失败。当然，未经揉捏的面团同样劲道十足。

2 使用工具少

基本用具仅是碗、橡胶刮刀、烤盘、电子秤（台秤）。无需专门购买其他用具，日常的厨房用品就可以制作面包，方便快捷。

3 方便清理!

通常来说，面团都会待在碗里，不会出现面粉分散，把厨房弄脏的情况。另外，用到的工具很少，清洗起来也非常简单。烘烤面包的时候，就可以把厨房收拾干净了。

4 无需（极少）切分，简单成形!

大多数免揉面包都无需切分，直接烘烤。如果切分，最多也只是分成4块。因此成形过程非常简单。包括切分和成形在内的制作工序都十分容易，成功率相当高，令人欣喜。

总觉得制作面包难度极高不敢尝试的朋友们，一定要试试！免揉面包拥有意想不到的魅力哦。

5 发酵时间较长，可利用这段时间外出

大概有的朋友会觉得发酵占用了太多时间，可实际上，只要把面团放置在室温下自动发酵，自己则可以完全自由地支配这段时间。做饭、整理家务、外出购物都可以。习惯以后，还能充分享受“同时做几件事”带来的自由和快感。

6 放入冷藏室中，第二天再烘烤

通常来说，从开始制作到最后烘烤的工序都必须在当日内完成，但由于免揉面包的发酵过程较为漫长，也可以将面团放入冷藏室，酌情而定调节发酵时间。遇到“有急事外出，今天没办法烤”的时候，也可以第二天再烘烤哦。

看来肯定可以烤好面包，不会失败啦♥

例如

可以先混合面团，在一次发酵的后半段将面团放入冷藏室中，经过半天～1天使其发酵。第二天再取出放置在常温下，继续制作面包（详细请见p.12）。

免揉面包的时间分配（基本圆形大面包）

基本的制作方法

所需时间：4 小时 25 分钟 ~

一次发酵在室温下进行，二次发酵可利用烤箱的发酵功能进行。最标准的发酵时间表。

混合 → 一次发酵（前半段） → 排气 →

以 1.5 倍为基准！

室温下 120 分钟

可有效利用此时间做家务、购物♪

希望尽快制作完成时

所需时间：3 小时 45 分钟 ~

利用烤箱的发酵功能进行一次发酵，然后放置在温暖的地方，缩短发酵时间。

混合 → 一次发酵（前半段） 缩短 30 分钟 → 排气 →

以 1.5 倍为基准！

利用烤箱的发酵功能（30~33 度），发酵 90 分钟

如果没有发酵功能，可按照 p.20 的方法，装入保鲜袋中

早上混合面团，晚上再烘烤时

所需时间：约 7 小时 ~

混合均匀材料后在一次发酵（前半段）时，将面团放入冷藏室，慢慢发酵，在当日傍晚进行烘烤的方法。

放入冷藏室中

混合 → 在冷藏室中进行一次发酵（前半段） → 排气 →

★此后为回家后所要完成的工序

4 小时 ~

适合白天有事外出的朋友

面团置于室温下，利用烤箱的发酵功能（30~33 度），发酵 40~50 分钟

以 1.2 倍为基准！

从冷藏室取出面团，放入烤箱中（室温发酵则需要 60~120 分钟）。

第二天（半日 ~1 日后）烘烤时

所需时间：12 小时 ~1 日

混合均匀材料，完成一次发酵（前半段）和排气后，在一次发酵（后半段）时，将面团放入冷藏室中慢慢发酵的方法。

混合 → 一次发酵（前半段） → 排气 →

室温下 120 分钟

以 1.5 倍为基准！

如果想第二天早上吃刚出炉的面包，推荐采用此方法

发酵的过程缓慢耗时，某种程度上，我们可以通过一些方法加快、延缓时间，适当地调节。以圆形面包为例，分别介绍各阶段所需的发酵时间。大家可根据自己的时间安排烘烤。

※ 以室温 25 度为前提。温度低于 25 度，所需的时间也会相应延长。
※ 面团进行冷藏时，冷藏前后的大小基本没有变化。再放到室温下发酵时，会稍稍膨胀（大约为 1.2 倍）。
※ 半日以 8~12 小时为准。

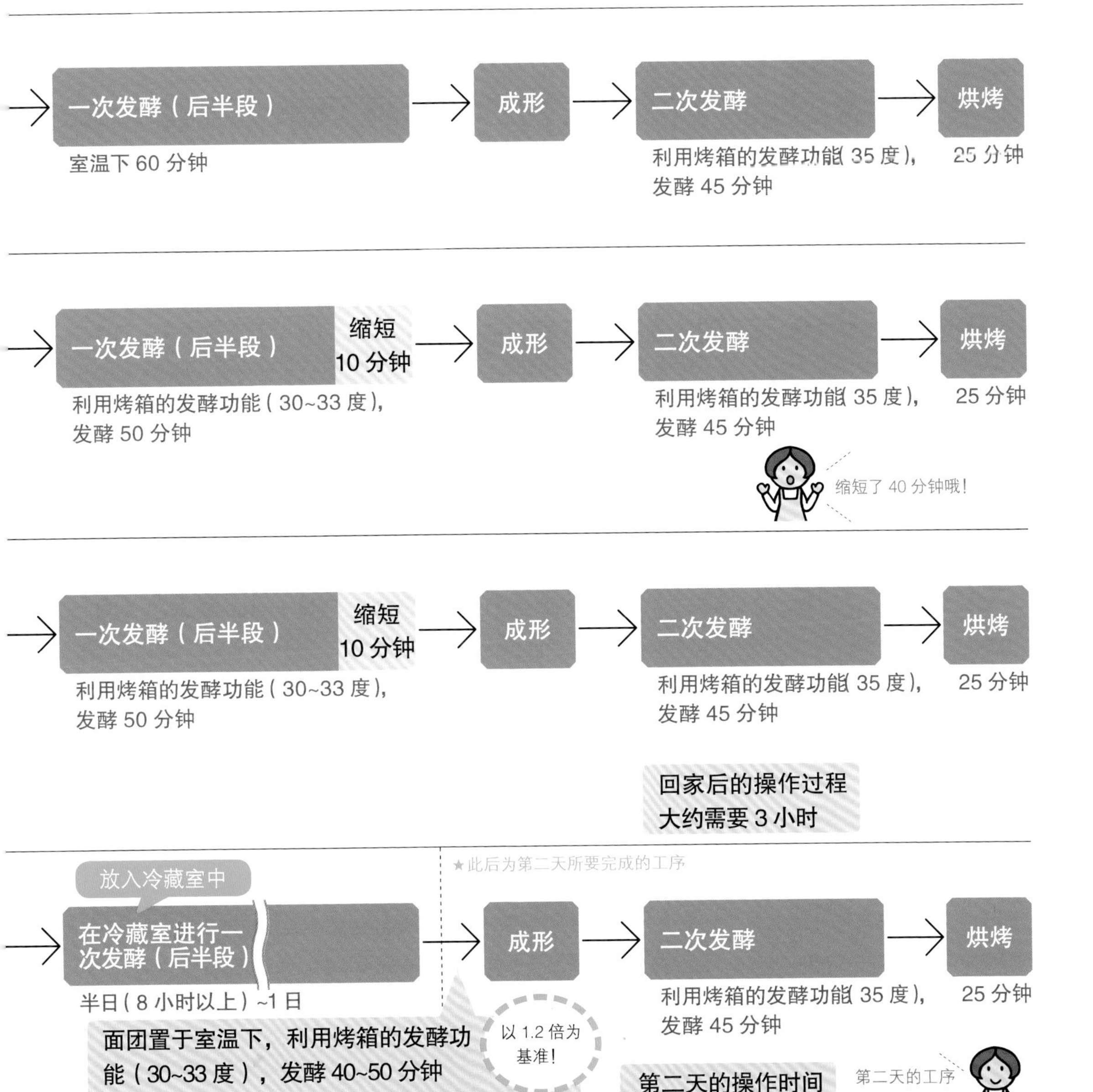

出炉时间表!

免揉面包的时间速查表

想用刚出炉的面包招待朋友午餐会，或是需要根据食用时间调整出炉时间，都可以参照下面这张时间速查表！依照此表，根据何时出炉，即可大概推算出何时进行相应的工序，轻松掌握时间。

※ 时间表以基本的大面包为例

出炉时间	混合材料 & 一次发酵（前半段）	排气 & 一次发酵（后半段）	成形 & 二次发酵	烘烤
11：00	6：30 →	8：35 →	9：40 →	10：30 → 11：00
12：00	7：30 →	9：35 →	10：40 →	11：30 → 12：00
13：00	8：30 →	10：35 →	11：40 →	12：30 → 13：00
15：00	10：30 →	12：35 →	13：40 →	14：30 → 15：00
17：00	12：30 →	14：35 →	15：40 →	16：30 → 17：00
18：00	13：30 →	15：35 →	16：40 →	17：30 → 18：00
19：00	14：30 →	16：35 →	17：40 →	18：30 → 19：00
20：00	15：30 →	17：35 →	18：40 →	19：30 → 20：00

下面是对应前一天混合材料（p.12 第二天烘烤）的时间表

※ 利用烤箱的发酵功能（30~33 度），将面团重新置于室温下所计算出的时间

出炉时间	混合材料 & 一次发酵（前半段·后半段）	重新置于室温下	成形 & 二次发酵	烘烤
7：00	前一日	5：00 →	5：40 →	6：30 → 7：00
8：00	前一日	6：00 →	6：40 →	7：30 → 8：00
9：00	前一日	7：00 →	7：40 →	8：30 → 9：00

第一章

不要模具！无需切分！

完整独立的烘焙面包

省去切分面团的工序，
也不用模具制作，
适合初学者挑战的各式面包。
可根据面团的形状，
烘烤出圆餐包、佛卡夏、法棍等
多种多样的面包。
虽然制作工序简单，
却有令人意外的美味！

不要模具！

基本的圆形大面包

无需切分！

充分品尝面团的细腻，回味无穷的简单面包。制作方法和流程与大多数面包相同，快来熟悉掌握基本圆形面包的做法吧！

为了保证精确，水也需用电子秤计量。

◉材料（1个的用量）

高筋面粉…………………………150g

干酵母……………………………½小匙

砂糖………………………………5g

粗盐………………………………3g

色拉油……………………………5g

水…………………………………105g

高筋面粉（烤盘用）……适量

无需撒匀面粉

◉准备工作

- 调节水温（春、夏、秋季选用常温自来水。冬季则选用35度左右的温水。）
- 烤盘里撒上烤盘用的高筋面粉（提前准备好，在一次发酵的后半段完成后使用）。

若无温度计，可以在50mL的沸水中加入120mL的冷水，即是35度左右。

◉使用工具

- 大碗
- 烤盘
- 橡胶刮刀
- 电子秤（台秤）

面粉覆盖住烤盘底即可！

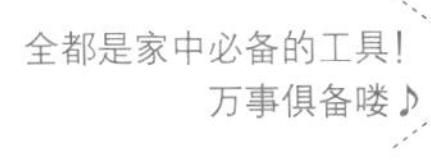

全都是家中必备的工具！万事俱备喽♪

制作方法参见下页

混合原料

1

将砂糖、食盐、色拉油倒入大碗中，加入水。

无需立即混合，先放置30秒！

2

倒入所有的酵母，放置30秒。酵母溶化后再用橡胶刮刀搅拌。

确认酵母粉无任何结块后方可倒入其中哦。

3

加入所有的高筋面粉。

可在此时添加其他小粒的配料

罂粟籽和芝麻等小粒配料，可与砂糖、食盐同时放入，与所有面粉搅拌，混合均匀。

原来如此！

如需添加大粒的配料，可在倒入酵母粉之后添加。

风干的水果和坚果类颗粒较大的配料，可在倒入酵母粉放置30秒之后再添加。如在此之前加入，不仅酵母难以溶解，而且配料也容易与面粉串味。

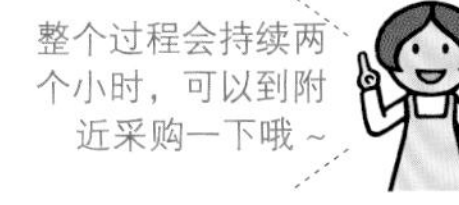

室温 120分钟 ※ 室温以 25 度为参照标准

一次发酵（前半段）

4

握住刮刀的底部，从碗底向上铲起面团，将所有面团混合搅拌。然后用类似切割的方法继续混合均匀。

5

面团搅匀、面粉消失后，盖上保鲜膜，置于室温下发酵 120 分钟。

※ 可以利用烤箱的发酵功能，或是置于温度较高的地方，在 30~33 度的环境下发酵 90 分钟即可。

6

面团发酵成原来的 1.5 倍后，随即停止发酵。如果膨松程度不够，则可以再放置一段时间，持续观察（有关过发酵的内容请参照 p.142）。

关于发酵温度

此处以室温 25 度为前提。冬季室温偏低，可以将面团放置在日照充足或靠近暖气的地方进行发酵。

初学者求助 SOS

预定时间内未达到 1.5 倍

藤田老师的建议

比起时间来，眼睛的观察更准确！

时间只是参照标准。发酵场所的环境会对面团的膨胀程度产生影响，比如室内温度的高低。关键在于用眼睛确认膨胀程度，时间则可以适当调节。

※ 室温以 25 度为参照标准

排气 & 一次发酵（后半段）

7

橡胶刮刀插入面团与碗之间，挑起面团，进行排气。直到面团恢复到一次发酵前（步骤 5 的状态）的大小，呈整块挑起的状态为宜。

8

再次盖上保鲜膜，置于室温下发酵 60 分钟。

※ 可以利用烤箱的发酵功能，或是置于温度较高的地方，在 30~33 度的环境下发酵 50 分钟即可。

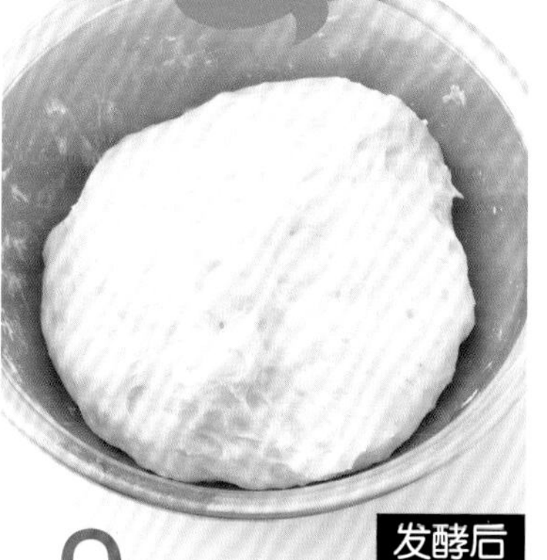

9

面团发酵至一次发酵前半段结束时（步骤 6 的状态）的大小后，随即停止。

一次发酵分为前半段和后半段，共两次哦！

烤箱不具有发酵功能的朋友可采用以下方法

碗口盖上保鲜膜，再在两个马克杯中倒入热水，一同放入大号的保鲜袋中。袋内温度在 30 度左右，可促使一次发酵完成（不适用于二次发酵）。

杯内的水变凉后可再次替换热水

成形

需要切分面团时可在此处完成。详细方法见第 47 页

转动烤盘，轻松移到方便处理面团的位置♪

10

取出面团，放到撒有面粉的烤盘中。

11

手指抹上面粉，轻轻压按，将面团四周稍稍往内折，用手指压匀。接着用同样的方法一点点重合折叠，如此重复，一周折出 7~8 个褶子。面团的内侧尽量不要粘到面粉。

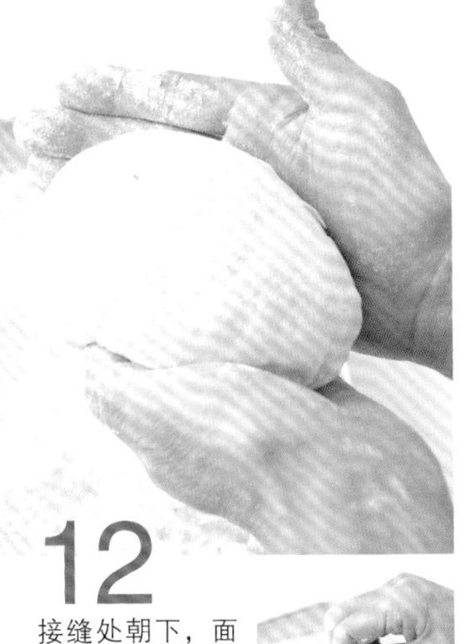

12

接缝处朝下，面团置于手心中，用小指的侧面将其调整成圆形，且保持表面形状不变。然后再用手指捏合接缝处。

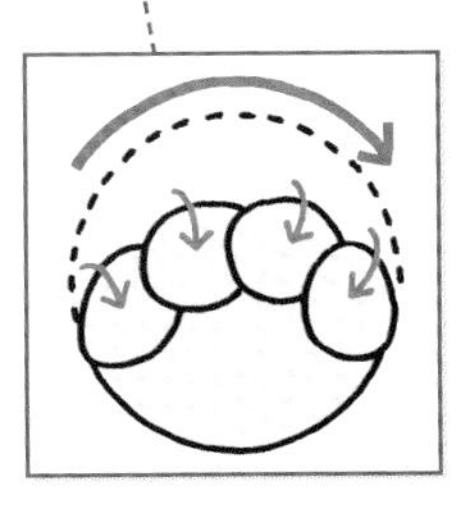

取出面团的方法

在面团周围撒一圈高筋面粉，再将涂有面粉的橡胶刮刀插入面团与碗底间，往深处多插几次，使面团分离。从碗中完好地取出面团，放到烤盘中。不要用橡胶刮刀触碰面团，尽量让其自然地堆放。

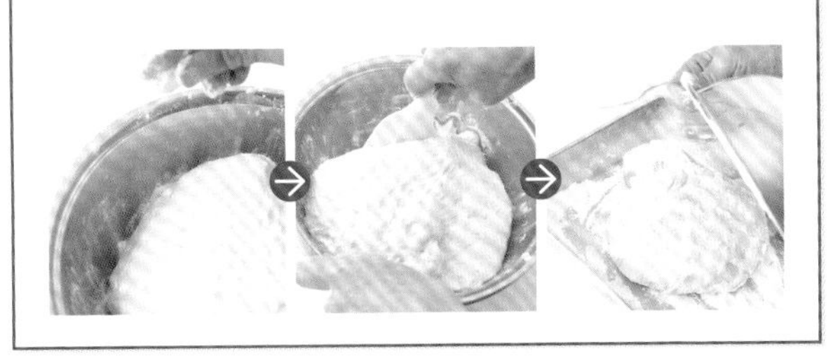

二次发酵

35度
45分钟

13

烤盘铺上烘焙纸，面团的接缝处朝下，放到纸上。轻轻盖上涂好色拉油（分量外）的保鲜膜。利用烤箱的发酵功能（35度）发酵45分钟。

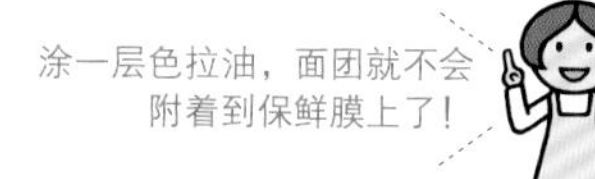

14

发酵35分钟左右，然后从烤箱中取出面团。接着将烤箱预热至220度（设置的温度比烘烤时的温度高10度）。

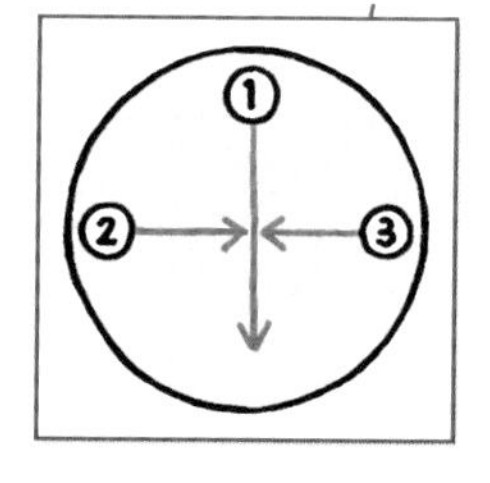

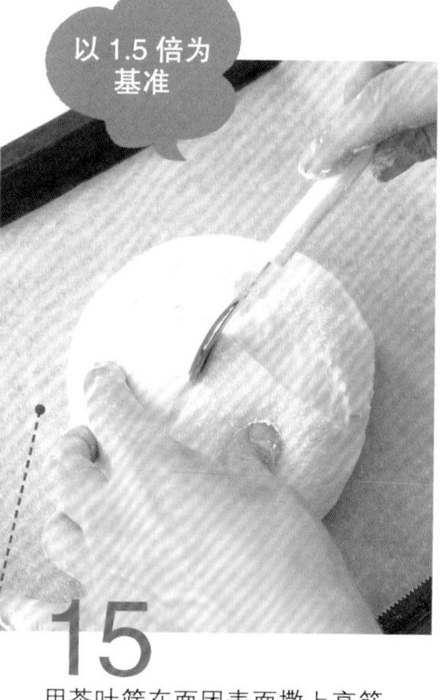

15

用茶叶筛在面团表面撒上高筋面粉（分量外），再划出（按照插图的顺序下刀，详细参见p.44）十字形裂纹（切口）。尽量将面团置于温暖的地方，继续进行二次发酵。面团大小的参照标准，与发酵前相比，约是其1.5倍。

烤箱不具有发酵功能的朋友

可采用此方法进行二次发酵

烤箱设定为200度，加热2分钟后停止，此时烤箱内的温度在40度左右（经过一段时间后温度会慢慢下降，起初为40度即可）。放入面团，发酵45分钟。途中可以再在200度的设定下加热1~2分钟后关闭，调整温度。

初学者求助 SOS

非得划出裂纹吗？

藤田老师的建议

无裂纹也可以烘烤

划出裂纹的目的在于释放多余的空气，让面包的卖相更加丰富。迷你面包和小餐包等都无需划出裂纹即可烘烤。因此并不是非得划出裂纹才能烘烤。

烘烤

210度
25分钟

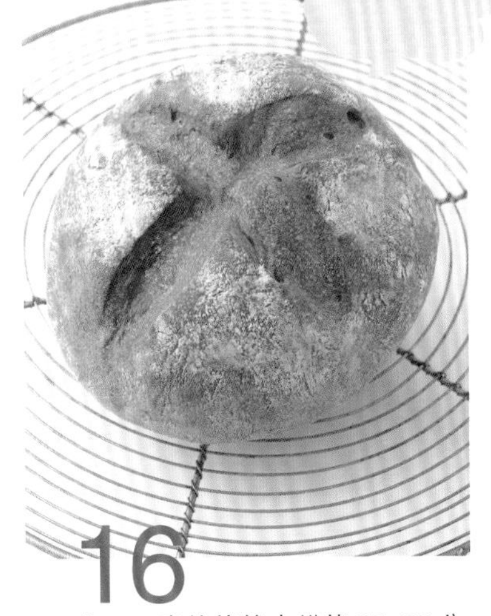

16

在 210 度的烤箱中烘烤 25~30 分钟。

※ 燃气烤箱用 200 度烘烤 25 分钟即可。

掌握基本大面包的制作方法后，就可以来制作这些面包啦！

无花果 & 核桃
全麦圆包（p.24）

番茄干圆包
（p.26）

罂粟籽柠檬皮圆包
（p.27）

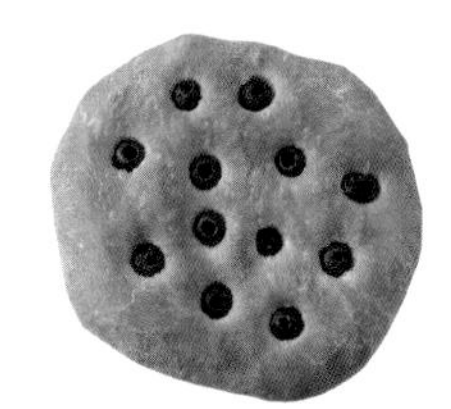

佛卡夏
（黑橄榄、青豆 /p.28）

杏鲍菇甘栗方包
（p.30）

牛奶柠檬手撕包
（p.32）

除此以外，还能制作出香甜的南瓜手撕包（p.34）。同时，圆包的成形方法与基本的葡萄干小餐包（p.46）相同，掌握圆包的制作方法后，就能够顺利地制作出小餐包。

润色方法

即便是丝毫不差的面团，经过烘烤前的最后一道工序润色后，也能呈现出丰富的形态。简单的面包即是原本的样子，可撒上面粉就变成另一种质朴的样子。在配餐面包和甜品面包上涂一层蛋液后，就与烘焙店售的不相上下了。

原本的样子

高筋面粉

全麦粉

蛋液

BREAD

无花果 & 核桃全麦面包

加入全麦面粉，外形质朴的圆面包。核桃的清香与无花果的甜蜜口感回味无穷。推荐搭配黄油食用。

◉材料（1个的用量）

高筋面粉	120g
全麦面粉	30g
干酵母	½ 小匙
砂糖	10g
粗盐	2g
色拉油	5g
水	95g
无花果干	50g
核桃	20g
高筋面粉（烤盘用）	适量

◉准备工作

- 将无花果干放到容器中，倒入热水，之后沥干水分。接着再倒入热水，浸泡15~20分钟，果肉变软后沥干水分，切成宽5mm的细丝。
- 将核桃放入预热至150度的烤箱中，烘烤10分钟，冷却后捣碎。
- 调节水温（参照p.17）。
- 烤盘里撒上高筋面粉。

用热水泡开无花果。用手指触摸一下，变软后就可以了。

◉制作方法

混合材料

按照p.18~19步骤1~4的方法混合材料。先在步骤2中加入干酵母，放置30秒后再放无花果和核桃。在步骤3中，将全麦面粉与高筋面粉一起加入碗中。

加入干酵母，放置30秒后再添加无花果。

一次发酵、排气

按照p.19~20步骤5~9的方法，发酵120分钟后排气，然后再发酵60分钟。

按照p.21步骤10~12的方法将面团捏合成形。

二次发酵

按照p.22步骤13~15的方法，再发酵45分钟左右。在步骤15中纵向划出3条裂纹，斜向划出2条裂纹（技巧参照p.44）。烤箱预热至220度。

烘烤

面团发酵至1.5倍大后，放入烤箱中，在210度下烘烤25~30分钟。

藤田老师的建议

建议吸收水分后再使用

无花果和葡萄干之类的干果，若直接使用会吸收面团中的水分，导致面团变硬，影响口感。所以建议先让干果吸收水分，待其变软后再使用。

番茄干圆包

味道香甜的面团与浓缩了美味的番茄干相得益彰。可与多种料理搭配，尤其是意大利菜！

◉材料（1个的用量）

高筋面粉………………………… 150g
干酵母…………………………… ½小匙
砂糖……………………………… 5g
粗盐……………………………… 2g
橄榄油…………………………… 5g
水………………………………… 105g

番茄干…………………………… 15g
高筋面粉（烤盘用）………… 适量

◉准备工作

- 将无花果干浸入水中，待果肉变软后沥干水分，切成宽6mm的细丝。
- 调节水温（参照p.17）。
- 烤盘里撒上高筋面粉。

◉制作方法

混合材料

按照p.18~19步骤1~4的方法混合材料。将步骤1的色拉油换成橄榄油，加入碗中。在步骤2中加入干酵母，放置30秒后再放入番茄干。

一次发酵、排气

按照p.19~20步骤5~9的方法，发酵120分钟后排气，然后再发酵60分钟。

成形

按照p.21步骤10~12的方法将面团提合成形。

二次发酵

按照p.22步骤13~15的方法，再发酵45分钟左右。在步骤15中划出树叶形的裂纹（参照p.44）。烤箱预热至220度。

烘烤

面团发酵至1.5倍大后，放入烤箱中，在210度下烘烤25~30分钟。

◉材料（1个的用量）

高筋面粉…………………………150g
干酵母……………………………½小匙
砂糖………………………………10g
粗盐………………………………2g
色拉油……………………………5g
水…………………………………105g

罂粟籽（黑）……………………15g
柠檬皮……………………………20g
高筋面粉（烤盘用）…………适量

◉准备工作

・柠檬皮切碎。
・调节水温（参照p.17）。
・烤盘里撒上高筋面粉。

◉制作方法

混合材料

按照p.18~19步骤1~4的方法混合材料。先在步骤1中加入罂粟籽，再在步骤2中放入干酵母，放置30秒后放柠檬皮，混合均匀。

一次发酵・排气

按照p.19~20步骤5~9的方法，发酵120分钟后排气，然后再发酵60分钟。

成形

按照p.21步骤10~12的方法将面团捏合成形。

二次发酵

按照p.22步骤13~15的方法，再发酵45分钟左右。在步骤15中用刮刀划出树叶的形状（参照p.44）。烤箱预热至220度。

烘烤

面团发酵至1.5倍大后，放入烤箱中，在210度下烘烤25~30分钟。

罂粟籽柠檬皮圆包

罂粟籽与柑橘类水果可谓天生一对。罂粟籽不仅能让面包看起来卖相十足，切开时的气味也芬香宜人。

剩下的罂粟籽还有其他用途吗？

藤田老师的建议

可以用其制作各式点心

罂粟籽不仅能用于制作面包，同样适用于其他的甜点。在曲奇和磅蛋糕、戚风蛋糕、薄煎饼等面团中加入一些罂粟籽，味道也不错哦。

DECORATIVECRAFT 134
Painted Ceramics 134
Lampshades 144
Papier Maché 152

两款佛卡夏（黑橄榄、青豆）

原味佛卡夏和色泽淡雅的青豆佛卡夏。比圆包更简单，适合初学者。烘烤之前先涂一层橄榄油，口感更香脆。

黑橄榄佛卡夏

◉材料（1个的用量）

高筋面粉…………………………150g
干酵母……………………………½小匙
砂糖………………………………5g
粗盐………………………………3g
橄榄油……………………………5g
水…………………………………105g

黑橄榄……………………………12颗
橄榄油（上色用）………………适量
高筋面粉（烤盘用）……………适量

◉准备工作

・调节水温（参照p.17）。
・烤盘里撒上高筋面粉。

◉制作方法

混合材料

按照p.18~19步骤1~4的方法混合材料。将步骤1的色拉油换成橄榄油。

一次发酵、排气

按照p.19~20步骤5~9的方法，发酵120分钟后排气，然后再发酵60分钟。

成形

按照p.21步骤10的方法取出面团，再按步骤11的方法将面团捏合成形。从四周折叠面团时，需要比圆包的折叠程度稍微浅一些。接缝处朝下，放到铺好烘焙纸的烤盘中，用手压成直径17~18cm的扁圆形。

二次发酵

按照p.22步骤13~15的方法，再发酵45分钟左右。在步骤15中将黑橄榄按入面团中，接着用刷子涂一层橄榄油。烤箱预热至220度。

烘烤

面团发酵至1.5倍大后，放入烤箱中，在210度下烘烤25~30分钟。

青豆佛卡夏

◉材料（1个的用量）

高筋面粉…………………………150g
干酵母……………………………½小匙
砂糖………………………………5g
粗盐………………………………3g
橄榄油……………………………5g
水…………………………………105g

青豆（带壳、冷冻）……………200g（豆粒约100g）
橄榄油、岩盐（上色用）………各适量
高筋面粉（烤盘用）……………适量

◉准备工作

・青豆解冻后去壳，取出豆粒。
・调节水温（参照p.17）。
・烤盘里撒上高筋面粉。

◉制作方法

与黑橄榄佛卡夏的制作方法相同，在p.18步骤2中先加入干酵母，放置30秒后再添加青豆，然后全部混合。二次发酵后，用粘有面粉的手指压出10~12个小洞，接着涂上橄榄油，撒上岩盐。烤盘的温度、烘烤时间的参照标准与“黑橄榄佛卡夏”相同。

按压到面饼底部！

面饼具有弹性，黑橄榄容易被弹出来，所以需要用力将其按入面饼里。

杏鲍菇甘栗方包

210度
30分钟

在圆包基础上改良而成的方包。烘烤得恰到好处，散发出杏鲍菇诱人的香味，与热乎乎的甘栗完美搭配，馅料十足的面包。

◉材料（1个的用量）

高筋面粉………………150g
干酵母…………………½小匙
砂糖……………………5g
粗盐……………………3g
色拉油…………………5g
水………………………90g

杏鲍菇…………………1包（约100g）
甘栗……………………35g
高筋面粉（烤盘用）…适量

◉准备工作

- 杏鲍菇切成2cm大小的方块，用少许色拉油（分量外）翻炒，炒至整体呈焦黄色即可。
- 甘栗纵向切开两半。
- 调节水温（参照p.17）。
- 烤盘里撒上高筋面粉。

◉制作方法

混合材料

按照p.18~19步骤1~4的方法混合材料。先在步骤2中加入干酵母，放置30秒后再放杏鲍菇。步骤4之后，若还有面粉剩余，可用套了塑料袋的手将面粉和入面团中。待面粉消失，面团变得柔软细腻即可。

一次发酵、排气

按照p.19~20步骤5~9的方法，发酵120分钟后排气，然后再发酵60分钟。

成形

按照p.21步骤10的方法取出面团，双手粘上少许面粉，将面团压成直径15~16cm的圆形，面团折叠处留出些许空隙，放入栗子。从上下左右折叠面团，包住栗子，形成四边形。接缝处朝下放到铺好烘焙纸的烤盘中，用手将其压成边长14~18cm的方形。

二次发酵

按照p.22步骤13~15的方法，再发酵45分钟左右。在步骤15中斜着划出1条裂纹（技巧参照p.44）。烤箱预热至220度。

烘烤

面团发酵至1.5倍大后，放入烤箱中，在210度下烘烤30分钟。

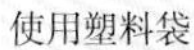
使用塑料袋

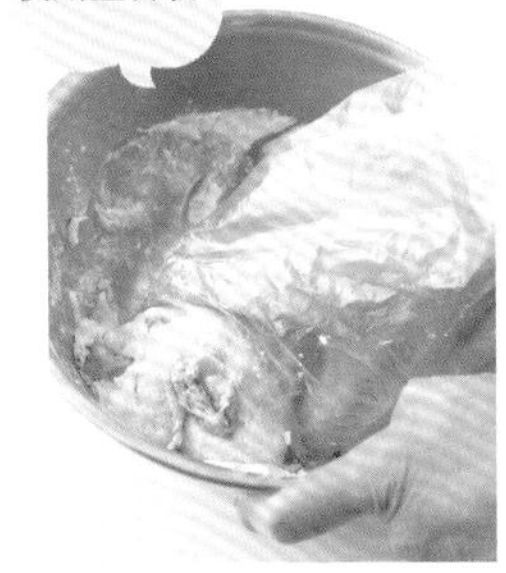

刚开始虽然有剩余面粉，但用手挤压揉捏后，杏鲍菇会析出更多的水分，使面粉粘在面团上。

四周留出空隙，均匀地放上栗子，上下折叠面团。

左右折叠面团，呈四边形。

面馅富含水分，容易粘到手上，使用塑料袋可以避免弄到手上。

Drink

牛奶柠檬手撕包

成形后划出切口，便于用手撕开。
掺入鲜奶油，让面包充满醇香绵密的口感，同时散发着柠檬的清香。

◉材料（1个的用量）

高筋面粉…………………… 150g
干酵母……………………… ½小匙
砂糖………………………… 15g
粗盐………………………… 2g
色拉油……………………… 5g
鲜奶油……………………… 50g
水…………………………… 65g

香草荚……………………… ¼根
（或少许香草油）
柠檬皮……………………… ½个的量
高筋面粉（烤盘用）……… 适量

准备工作

- 香草荚纵向从中间切开，取出香草籽，与鲜奶油混合。
- 柠檬削薄片，再切成细丝。
- 调节水温（参照p.17）。
- 烤盘里撒上高筋面粉。

用刀尖取出香草籽，舍弃剩余部分（豆荚）。

◉制作方法

混合材料

按照p.18~19步骤1~4的方法混合材料。先在步骤1的碗中加入砂糖、盐、色拉油，同时放入柠檬皮，再混入水和鲜奶油。

一次发酵、排气

按照p.19~20步骤5~9的方法，发酵120分钟后排气，然后再发酵60分钟。

成形

按照p.21步骤10~12的方法将面团捏合成形。接缝处朝下，放到铺好烘焙纸的烤盘中，用手压成直径13~14cm的扁圆形。用刮片（或刀）切出6等分的放射状切口。

二次发酵

按照p.22步骤13~15的方法，再发酵45分钟左右。烤箱预热至220度。

烘烤

面团发酵至1.5倍大后，放入烤箱中，在210度下烘烤25~30分钟。面包很容易烤成焦黄色，所以中途需要观察色泽的变化，盖上锡箔纸。

将刮片用力切到面团底部。先划出印记，再沿印记切开，使其更均匀。没有刮片的话刀也可以！

初学者求助
SOS

可以用牛奶代替水和鲜奶油吗？

藤田老师的建议

不推荐简单地替换材料

你可能觉得"用等重的牛奶代替也可以"，可是即便重量相等，牛奶中富含油分，致使水分的含量不同，因此烘烤时可能会产生偏差。不推荐简单地用一种材料代替其他材料。

香甜的南瓜手撕包

210度
25分钟

块状的南瓜经过深度烘烤，松软热乎的口感与自然的甘甜完美结合，洋溢着幸福的味道。

◉材料（1个的用量）

高筋面粉……………………… 150g
干酵母………………………… ½小匙
砂糖…………………………… 10g
粗盐…………………………… 3g
色拉油………………………… 5g
水……………………………… 105g

南瓜…………………………… 120g
高筋面粉（烤盘用）……… 适量

◉准备工作

- 将带皮的南瓜切成1.5cm大小的方块，煮2~3分钟。
- 调节水温（参照p.17）。
- 烤盘里撒上高筋面粉。

◉制作方法

混合材料

按照p.18~19步骤1~4的方法混合材料。先在步骤2中加入干酵母，放置30秒后再放南瓜。

一次发酵、排气

按照p.19~20步骤5~9的方法，发酵120分钟后排气，然后再发酵60分钟。

成形

按照p.21步骤10~12的方法将面团捏合成形。接缝处朝下，放到铺好烘焙纸的烤盘中，用手压成直径15~16cm的扁圆形。用刮片（或刀）切出6等分的放射状切口。

二次发酵

按照p.22步骤13~15的方法，再发酵45分钟左右。烤箱预热至220度。

烘烤

面团发酵至1.5倍大后，放入烤箱中，在210度下烘烤25~30分钟。

基本法棍

无需切分！

烘焙店常见的正宗法棍也属于免揉面包，制作方法简单，轻轻松松就能完成。全手工制作的面包，肯定会赢来家人和朋友的赞许哦。

◉材料（1个的用量）

高筋面粉………………………… 150g
干酵母…………………………… ½小匙
砂糖……………………………… 5g
粗盐……………………………… 3g
色拉油…………………………… 5g
水………………………………… 105g

高筋面粉（烤盘用）………… 适量

◉准备工作

- 调节水温（春、夏、秋季选用常温自来水。冬季则选用35度左右的温水。）
- 烤盘里撒上烤盘用的高筋面粉（提前准备好，在一次发酵的后半段完成后使用）。

制作方法参见下页

成形前与“基本圆形大面包”的制

成形

◉制作方法

混合材料

按照 p.18~19 步骤 1~4 的方法混合材料。

一次发酵、排气

按照 p.19~20 步骤 5~9 的方法，发酵 120 分钟后排气，然后再发酵 60 分钟。

成形

※ 此处加入详细的图片说明（右侧）

按照 p.21 步骤 10 的方法取出面团放到烤盘中。用手轻压面团，将其纵向拉长，从外侧向内稍微折叠，用手指压按。如此重复 7~8 次，形成棒状。接缝处朝上，放到烤盘中，沿着横向（长度标准为 24~25cm），用小手指的侧面在中心压出一条凹槽。再捏合凹槽左右的面团。

二次发酵

按照 p.22 步骤 13~15 的方法，再发酵 45 分钟左右。在步骤 15 中，用茶叶筛在面团表面撒上高筋面粉（分量外），斜着划出 3 条裂口（技巧参照 p.44）。烤箱预热至 220 度。

烘烤

面团发酵至 1.5 倍大后，放入烤箱中，在 210 度下烘烤 25~30 分钟。

仅仅将面团适当地拉成细长状可以吗?

藤田老师的建议

不是揉成细长状就可以了

稍稍折叠面团，然后压出凹槽，再将凹槽左右的面团捏在一起。此工序不仅能将面团制作成法棍的形状，同时也能让面团表面更具张力。此步骤的目的是制作面筋，让面包更为蓬松。制作过程中切勿省略此步骤。

1

按照 p.21 步骤 10 的方法取出面团放到烤盘中，双手涂上面粉，轻压面团，沿纵向拉长面团。从外侧向内稍微折叠，用手指压按，如此重复 7~8 次，形成棒状。

将烤盘和面团横向放置

2

面团的接缝处朝上，横向放到烤盘中（长度标准为 24~25cm），用小手指的侧面在中心压出一条凹槽。再捏合凹槽左右的面团。

掌握圆包和法棍的制作方法后，加以应用就能做出各种面包来。在成形阶段，利用面团的张力，烘烤出酥松的面包。

作方法相同（p.18~20）

二次发酵 → 烘烤

210度
25分钟

以1.5倍为基准

烘烤完成！

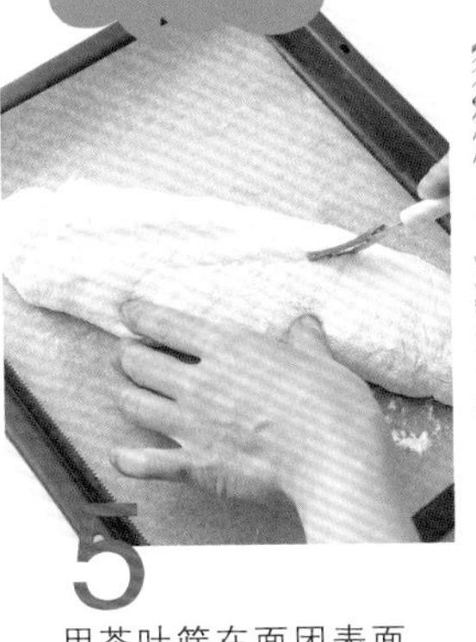

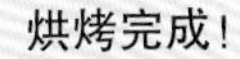

3 发酵前

接缝处朝下，放到铺好烘培纸的烤盘里，涂一层色拉油（分量外），轻轻盖上保鲜膜。利用烤箱的发酵功能（35度）发酵45分钟。

4 发酵后（结束前10分钟）

发酵35分钟左右时，从烤箱中取出面团。接着将烤箱预热至220度（设置的温度比烘烤时的温度高10度）。

烤箱预热需要一段时间，所以可以在发酵结束前的10分钟开始预热。

5

用茶叶筛在面团表面撒上高筋面粉（分量外），再斜着划出3条裂纹（技巧参见p.44）。尽量将面团置于温暖的地方，继续进行二次发酵。面团大小的参照标准，与发酵前相比，约是其1.5倍。

6

在210度的烤箱中烘烤25~30分钟。

※ 燃气烤箱用200度烘烤25分钟即可。

掌握基本法棍的制作方法后，就可以来尝试这些面包啦！

红酒西梅法棍（p.38）

洋葱香肠法棍（p.40）

玉米青豆面包卷（p.42）

除此以外，还可以将面团切分开，制作茄汁紫苏迷你法棍（p.52）、培根麦穗包（p.54），黑糖花生扭花面包（p.56），基本的成形方法与法棍大致相同。

BUTTER

红酒西梅法棍

210度
25分钟

当红酒的醇香遇上西梅的果香，让舌尖品尝成熟的韵味。推荐搭配白霉奶酪食用。切开后的色泽浓淡相宜，是款待客人和馈赠亲友的最佳选择。

◉材料（1个的用量）

高筋面粉………………………… 150g
干酵母………………………… ½小匙
砂糖………………………………… 10g
粗盐………………………………… 2g
色拉油……………………………… 5g
红酒（煮沸后冷却）………… 105g

西梅………………………………… 3颗
高筋面粉（烤盘用）………… 适量

◉准备工作

- 红酒煮沸后冷却（冷却状态下需要有105g，所以起初要准备150g）。
- 将西梅放入容器内，倒入热水，马上沥干水分。接着再倒入热水，浸泡10分钟左右，待西梅泡开后去除水分，将其撕成两半。
- 调节水温（参照p.17）。
- 烤盘里撒上高筋面粉。

关于发酵时间

与普通的面包相比，加入红酒的面包在一次发酵、二次发酵阶段都比较费时。面团发酵后的大小是原来的1.2倍即可，不需要膨胀到1.5倍。如果在规定时间内面团的大小还未达到1.2倍，则可以再放置一段时间。时间充裕的话就来试试吧。

◉制作方法

混合材料

按照p.18~19步骤1~4的方法将各种材料混合。用红酒代替步骤1的水。

用红酒代替水，加入面粉中。红酒以冷却后的重量为准。

一次发酵、排气

按照p.19~20步骤5~9的方法完成发酵和排气。注意第一次发酵的前半段需要在室温下发酵180分钟。面团膨胀至原来的1.2倍大即可。第一次发酵的后半段需要在室温下发酵120分钟。

※如果室内温度在30~33度，就属于高温场所，那前半段的发酵只需120~150分钟，后半段的发酵用90分钟即可。

成形

1 横向放好烤盘，取出面团。用手横向揉拉面团。

2 由外向内折叠推揉面团1~2次，用手指压按，然后横向摆放西梅。不断推揉面团，将西梅压到面团中，如此重复5~6次，使整个面团呈棒状（长度为24~25cm）。接缝处用手指抹平。

3 修整形状，放到铺好烘焙纸的烤盘上，接缝处朝下。

来回折叠推揉面团1~2次后，整齐排放好西梅。如此一来，西梅才能位于面团中央，切开时才会整齐美观。

二次发酵

按照p.37步骤3~5的方法完成二次发酵。注意发酵时间要调整为60分钟。发酵至50分钟时，从烤箱中取出面团，划出三条斜纹（方法参照p.44）。烤箱预热至220度。

烘烤

面团膨胀到原来的1.2倍时，就将其放入210度的烤箱中，烘烤25~30分钟。

THE METRIC BOARD
LIQUID EQUIVALENTS
METRIC
MEASURE
28 Milliliters
2 Tbsp.
42 Milliliters
1 Jigger
100 Milliliters
6⅔ Tbsp.

洋葱香肠法棍

210度
25分钟

食感香脆的洋葱与香肠组合，这是一款颇受小朋友和男士喜爱的法棍。嚼劲十足，搭配汤和沙拉食用最佳。

◉材料（1个的用量）

高筋面粉…………………150g
干酵母……………………½小匙
砂糖………………………5g
粗盐………………………3g
色拉油……………………5g
水…………………………105g

维也纳香肠……………3根（50~60g）
炒洋葱……………………10g
高筋面粉（烤盘用）…适量

◉准备工作

- 香肠切成7~8mm厚的薄片。
- 调节水温（参照p.17）。
- 烤盘里撒上高筋面粉。

◉制作方法

混合材料

按照p.18~19步骤1~4的方法混合材料。先在步骤2中加入干酵母，放置30秒后再放入香肠和炒洋葱。

一次发酵、排气

按照p.19~20步骤5~9的方法，发酵120分钟后排气，然后再发酵60分钟。

成形

按照p.36步骤1~2的方法将面团揉成棒状。

二次发酵

按照p.37步骤3~5的方法，再发酵45分钟左右。在步骤5中划出1条裂纹（技巧参照p.44）。烤箱预热至220度。

烘烤

面团发酵至1.5倍大后，放入烤箱中，在210度下烘烤25~30分钟。

香肠、炒洋葱既可以在放入酵母之后添加，也可以同时添加！

玉米青豆面包卷

210度
30分钟

把面团一圈一圈扭起来，成形后竟如此可爱！
满是玉米和青豆，色彩斑斓的面包。

◉材料（1个的用量）

高筋面粉………………………… 150g
干酵母………………………… ½小匙
砂糖………………………………… 5g
粗盐………………………………… 3g
色拉油……………………………… 5g
水…………………………………… 85g

青豆（带壳、冷冻）………… 150g
（豆粒约70g）
甜玉米罐头……………………… 40g
高筋面粉（烤盘用）………… 适量

◉准备工作

- 青豆解冻后去壳，取出豆粒。玉米滤汁。
- 调节水温（参照p.17）。
- 烤盘里撒上高筋面粉。

◉制作方法

混合材料

按照p.18~19步骤1~4的方法混合材料。先在步骤2中加入干酵母，放置30秒后再放青豆和玉米，混合均匀。

一次发酵、排气

按照p.19~20步骤5~9的方法，发酵120分钟后排气，然后再发酵60分钟。

成形

1 按照p.36步骤1的方法将面团揉成棒状。
2 用双手拿好面团，捏握的同时拉长至40cm左右。
3 将烘焙纸铺到烤盘上，拧扭的同时将面团绕成旋涡状。末端塞入下方。

二次发酵

按照p.37步骤3~5的方法，再发酵45分钟左右（表面无需撒上面粉，也不用划出裂纹）。烤箱预热至220度。

烘烤

面团发酵至1.5倍大后，放入烤箱中，在210度下烘烤25~30分钟。

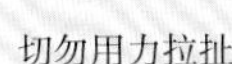

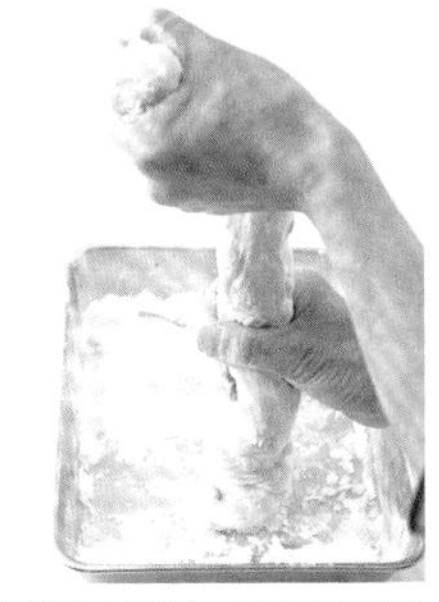

双手涂上面粉，避免面团黏在手上。因自身重量的关系，面团会自然下垂拉伸，用手轻捏即可。

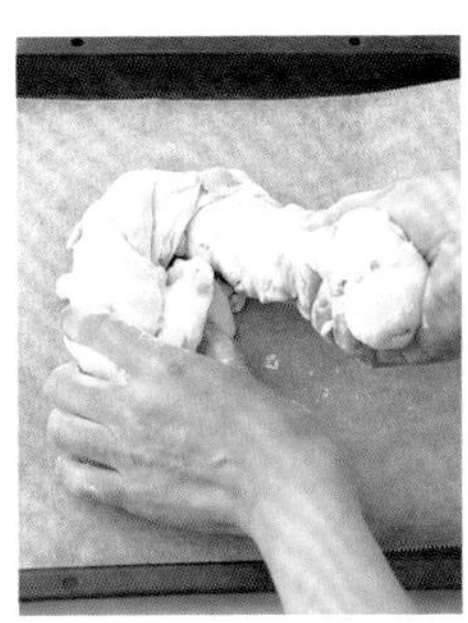

一只手压住面团，另一只手在拧扭面团的同时将其绕成旋涡状。

末端的面团塞入下方，烘烤时不易走形。

专栏

各式裂纹的划法

裂纹是指面包表面的切口。裂纹能让面包烘烤得更彻底，排出多余的空气和水分，促使面团的发酵更为均匀，让面包的卖相更佳。

制作裂纹的重点

1 果断迅速地划出裂纹。

2 保持呼吸均匀。

3 以 7~8mm 深为标准。

可以使用面包专用的划口刀（参照 p.141），如果没有也可以选择较薄的刀代替。稍稍转动刀刃，一口气果断迅速地切下去，效果最佳。深度控制在 7~8mm 为宜。如果面团的表面过于黏糊，不易划出裂纹时，可以先揭开保鲜膜，搁置 1~2 分钟使表面干燥，操作就会变得容易。

刚开始可能比较难，多试几次后就能掌握要领啦！

基本的十字形

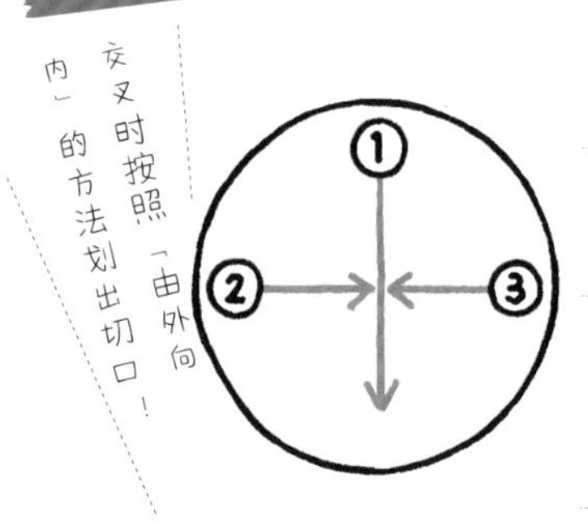

①用手压稳面包，同时划出 1 条切口。制作时刀刃稍稍平放是关键。

②与第 1 条切口呈直角，由外侧向中心划出第 2 条切口。

③用同样的方法，从另一侧向中心划出第 3 条切口。转动烤盘，方便控制刀刃，而且能轻松变换面团的方向。

各式裂纹

落刀的顺序和方向都有讲究，需要认真查看哦！

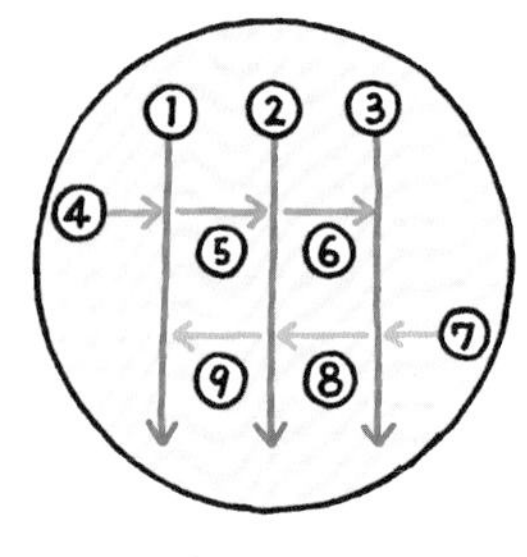

格子 p.24

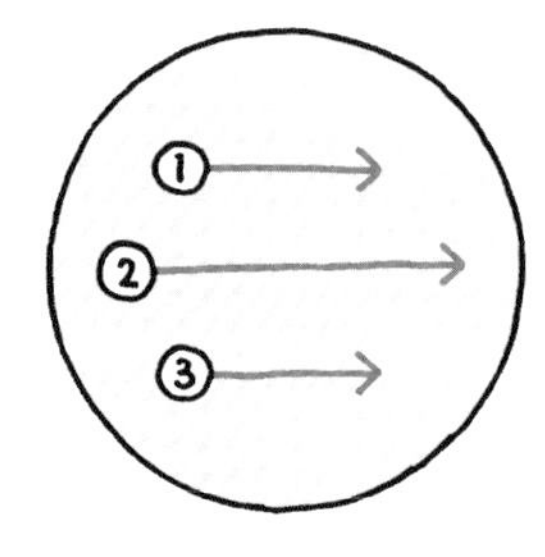

横向 3 条 p.26

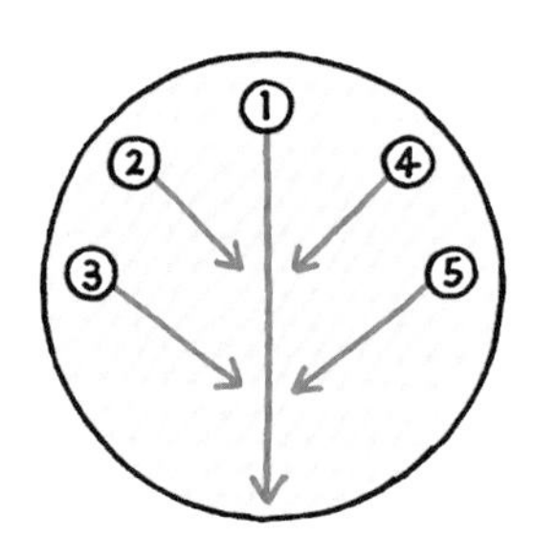

树叶 p.27

第二章

掌握切分技巧！

餐包 &
使用模具制作的
烘焙面包

掌握切分面团的技巧后，
就可以烘烤出餐包和迷你面包了。
使用模具还可以制作迷你餐包。
稍微了解一些技巧，
切分面团和使用模具就不再是难题。
面包的种类也会变得丰富多样！

◉材料（4 个的用量）

高筋面粉……………………150g
干酵母……………………½ 小匙
砂糖………………………10g
粗盐………………………2g
色拉油……………………5g
水…………………………105g

葡萄干……………………50g
高筋面粉（烤盘用）……适量

◉准备工作

- 葡萄干放到容器中，倒入热水，马上沥干水分。接着再倒入热水，浸泡 5~6 分钟，果肉变软后沥干水分。
- 调节水温（春、夏、秋季选用常温自来水。冬季则选用 35 度左右的温水）。
- 烤盘里撒上高筋面粉（提前准备好，在一次发酵的后半段完成后使用）。

制作方法

混合材料

按照 p.18~19 步骤 1~4 的方法混合材料。先在步骤 2 中加入干酵母，放置 30 秒后再放入葡萄干，混合均匀。

基本的葡萄干餐包

将面团分成 4 份，揉捏成形，制作出小巧精致的圆形餐包。
每口都能品尝到葡萄干的甘甜，真是让人无法拒绝的美味。

一次发酵、排气

按照 p.19~20 步骤 5~9 的方法，发酵 120 分钟后排气，然后再发酵 60 分钟。

切分面团

※ 此处附以详细的图片说明（右侧）

1 按照 p.21 步骤 10 的方法，取出面团放到烤盘中。

2 双手涂上少许面粉，轻压面团。再用涂有面粉的橡胶刮刀，将面团均匀地 4 等分切开。留出 1 块放在烤盘里，其他的 3 块移到盘子中，盖上保鲜膜。

成形

按照 p.21 步骤 11~12 的方法将面团捏合成形。在步骤 11 中将面团的四周折叠 6~7 次。注意葡萄干切勿露出表面。剩下的部分按照成形的步骤制作即可。

二次发酵

按照 p.22 步骤 13~15 的方法，再发酵 45 分钟左右（表面无需撒上面粉，也不用划出裂纹）。

烘烤

面团发酵至 1.5 倍大后，放入烤箱中，在 210 度下烘烤 18~20 分钟。

成形前的步骤与"基本圆形大面包"相同（p.18~20）

切分面团

尽量均匀地四等分！

切分时面团之间稍微留出点距离，避免相互粘到一起。

1

按照 p.21 步骤 10 的方法，取出面团放到烤盘中。双手涂上少许面粉，轻压面团。再用涂有面粉的橡胶刮刀，将面团均匀地切成 4 等份。关键在于握紧橡胶刮刀的底部，避免其前后晃动，用力往下压，沿直线切开。

2

为了方便操作，仅留 1 块面团在烤盘里，其他 3 块移到盘子里，盖上保鲜膜避免干燥。

切分时不建议多于 4 块

面团具有黏性，不易切分。如果要分成 4 块以上，就很难准确把握大小。面团的大小不一会导致烘烤不均匀。选择切分成 4 块，能降低操作时的误差。

成形

3
用手指稍微折叠面团的四周。接着一点点重叠折压，如此重复 6~7 次，完成一圈。面团的内侧尽量不要粘到面粉。

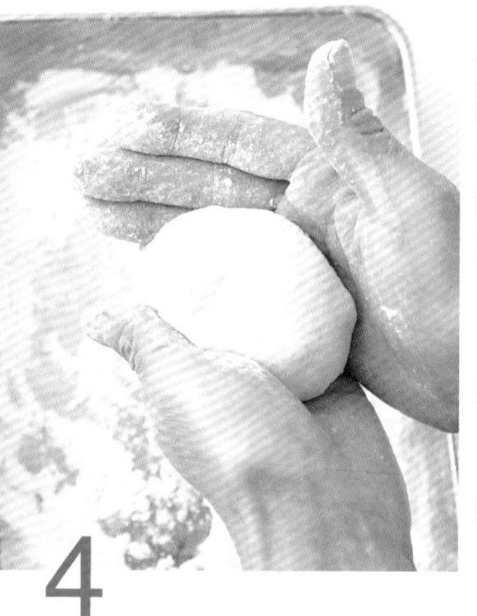

4
接缝处朝下，面团置于手心中，用小手指的侧面将其调整成圆形，且保持表面形状不变。

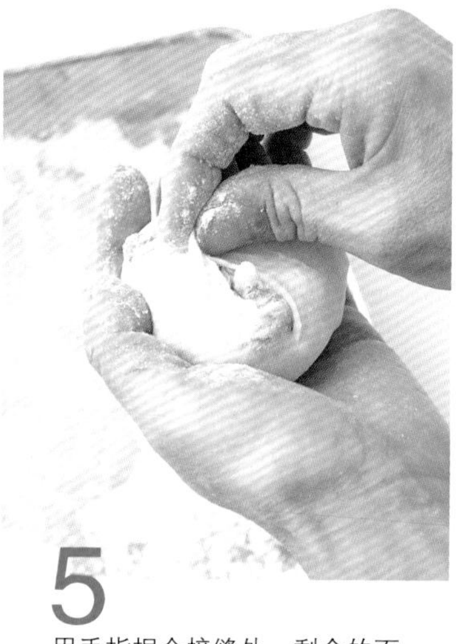

5
用手指捏合接缝处。剩余的面团也按同样的方法处理。

成形方法与大面包相同，
简单易学♪

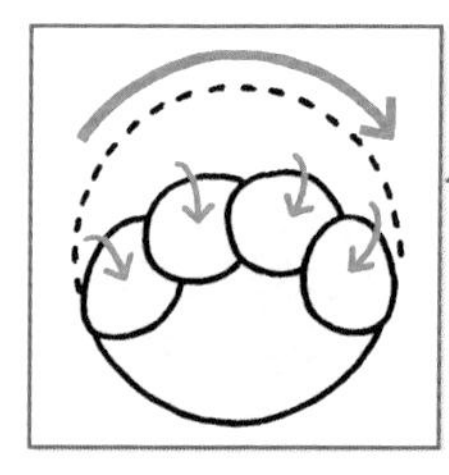

注意葡萄干不要露出表面!

如右图所示，假若葡萄干露出表面，烘烤时就会将其烤焦。可以按照左图的方法，用一层薄薄的面皮盖住葡萄干即可。

二次发酵 → 烘烤

210度
18分钟

烤箱预热需要一段时间，所以可以在发酵结束前的 10 分钟开始预热。

以 1.5 倍为基准

烘烤完成！

发酵前

发酵后（结束前 10 分钟）

6

烤盘铺上烘焙纸，面团的接缝处朝下放到纸上。轻轻盖上涂好色拉油（分量外）的保鲜膜。利用烤箱的发酵功能（35 度）发酵 45 分钟。

7

发酵 35 分钟后，从烤箱中取出面团。接着将烤箱预热至 220 度（设置的温度比烘烤时的温度高 10 度）。尽量将面团置于温暖的地方，继续进行二次发酵。面团大小的参照标准为，与发酵前相比，约是其 1.5 倍。

8

在 210 度的烤箱中烘烤 18~20 分钟。

※ 燃气烤箱用 200 度烘烤 17 分钟即可。

掌握基本餐包（切分）的制作方法后，就可以来制作这些面包啦！

南瓜餐包（p.50）

可乐饼面包（p.58）

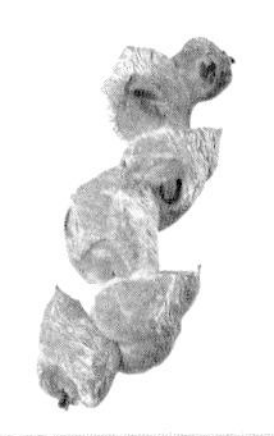

培根麦穗包（p.54）

除此以外，还可以制作迷你法棍（p.52）和迷你扭花面包（p.56）等各种花式面包。既有使用模具制作的面包，也有切分面团制作的面包，要牢牢掌握其中的技巧哦。

南瓜餐包

用市售的南瓜粉制作会节省一些工序。金灿灿的颜色和充满回味的甘甜都让人无法拒绝。

◉材料（4 个的用量）

高筋面粉………………………… 150g
干酵母………………………… ½ 小匙
砂糖………………………………… 15g
粗盐………………………………… 3g
色拉油……………………………… 5g
水…………………………………… 140g

南瓜粉……………………………… 20g
南瓜籽、蛋清…………………… 各适量
高筋面粉（烤盘用）………… 适量

◉准备工作

- 调节水温（参照 p.17）。
- 烤盘里撒上高筋面粉。

◉制作方法

混合材料

按照 p.18~19 步骤 1~4 的方法混合材料。先在步骤 2 中加入干酵母，放置 30 秒后再放南瓜粉，混合均匀。

一次发酵、排气

按照 p.19~20 步骤 5~9 的方法，发酵 120 分钟后排气，然后再发酵 60 分钟。

切分面团

按照 p.47 步骤 1~2 的方法，将面团分成 4 块。

成形

按照 p.48 步骤 3~5 的方法，将面团捏合成形。

二次发酵

按照 p.49 步骤 6~7 的方法，再发酵 45 分钟左右。步骤 7 中取出面团后，在其表面涂上调匀的蛋清，放上南瓜籽。烤箱预热至 220 度。

烘烤

面团发酵至 1.5 倍大后，放入烤箱中，在 210 度下烘烤 18~20 分钟。

选用其他蔬菜粉，按同样的方法制作即可。

各式蔬菜糊干燥而成的粉末，掺入面团中即可呈现出不同的风味和颜色。除了南瓜外，还可以选用紫薯、胡萝卜等，试试看吧。

◉材料（4 个的用量）

高筋面粉………………………… 150g
干酵母…………………………… ½ 小匙
砂糖……………………………… 5g
粗盐……………………………… 3g
色拉油…………………………… 5g
水………………………………… 120g

黑芝麻…………………………… 30g
车达奶酪………………………… 30g
高筋面粉（烤盘用）………… 适量

◉准备工作

- 奶酪切成边长 1cm 的方块。
- 调节水温（参照 p.17）。
- 烤盘里撒上高筋面粉。

◉制作方法

混合材料

按照 p.18~19 步骤 1~4 的方法混合材料。先在步骤 1 中加入黑芝麻。然后在步骤 2 中加入干酵母，放置 30 秒后再放奶酪，混合均匀。

一次发酵、排气

按照 p.19~20 步骤 5~9 的方法，发酵 120 分钟后排气，然后再发酵 60 分钟。

切分面团

按照 p.47 步骤 1~2 的方法，将面团分成 4 块。

成形

按照 p.48 步骤 3~5 的方法捏合成形。

二次发酵

按照 p.49 步骤 6~7 的方法，再发酵 45 分钟左右。步骤 7 中取出面团后，划出十字形裂纹（参照 p.44）。烤箱预热至 220 度。

烘烤

面团发酵至 1.5 倍大后，放入烤箱中，在 210 度下烘烤 18~20 分钟。

芝麻奶酪餐包

风味醇厚的黑芝麻与香味浓郁的车达奶酪十分搭配，强力推荐。美味停不下来！

123

茄汁紫苏迷你法棍

210度
18分钟

用番茄汁代替水，制作出漂亮的红色法棍。
绿紫苏与番茄搭配相宜，风味更佳独特。

◉材料（4个的用量）

高筋面粉…………………………150g
干酵母……………………………½小匙
砂糖………………………………5g
粗盐………………………………3g
色拉油……………………………5g
番茄汁（无盐）…………………125g

绿紫苏……………………………4片
高筋面粉（烤盘用）……………适量

◉准备工作

- 绿紫苏切掉叶脉，再撕成4小块。
- 调节水温（参照p.17）。
- 烤盘里撒上高筋面粉。

推荐用罗勒叶代替紫苏，不用撕碎也可！

◉制作方法

混合材料

按照p.18~19步骤1~4的方法混合材料。用力摇匀番茄汁，代替步骤1中的水，加入面团中。

一次发酵、排气

按照p.19~20步骤5~9的方法，发酵120分钟后排气，然后再发酵60分钟。

切分面团

按照p.47步骤1~2的方法，将面团分成4块。

成形

1 双手涂上少许面粉，轻压面团，横向拉伸成长方形。再放上四块撕碎的绿紫苏。
2 将绿紫苏卷入面团中，用手指将面团外侧的一边稍稍向内翻卷，如此重复6~7次。再用手指捏合接缝处（长度以15cm为标准）。
3 接缝处朝下，放到铺好烘焙纸的烤盘上。剩余的面团也用同样的方法捏合成形。

二次发酵

按照p.49步骤6~7的方法，再发酵40分钟左右。发酵30分钟左右时，从烤箱中取出面团，斜着划出2条裂纹（参照p.44）。烤箱预热至220度。

烘烤

面团发酵至1.5倍大后，放入烤箱中，在210度下烘烤18分钟。

将紫苏放到面团上，用手压实，翻卷时会更容易。

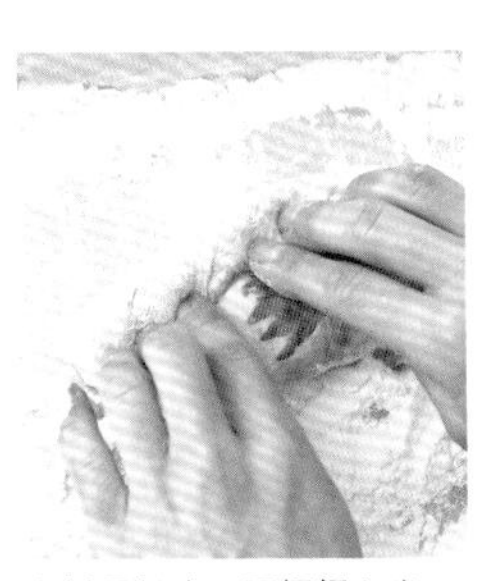

先折叠长边，再慢慢翻卷。

接缝处朝下放置于烤盘中，面团与面团之间稍微留有间隔。

培根麦穗包

210度
20分钟

看起来难道极高的麦穗包，做法却意外的简单！如此特别的外形只需用厨房剪刀修剪即可。虽然工序略多，但出炉时的那份喜悦可是无与伦比的哦。

◉材料（2个的用量）

高筋面粉……………………150g
干酵母………………………½小匙
砂糖…………………………5g
粗盐…………………………3g
色拉油………………………5g
水……………………………105g

培根…………………………2片
高筋面粉（烤盘用）……适量

◉准备工作

- 调节水温（参照p.17）。
- 烤盘里撒上高筋面粉。

◉制作方法

混合材料

按照p.18~19步骤1~4的方法混合材料。

一次发酵、排气

按照p.19~20步骤5~9的方法，发酵120分钟后排气，然后再发酵60分钟。

切分面团

参照p.47步骤1~2的方法，将面团分成2块。

成形

1 双手涂上少许面粉，轻压面团，横向拉伸成长方形。再放上1片培根。

2 将培根卷入面团中，一边翻卷一边按压，如此重复4~5次。

3 接缝处朝上放好，用小指的侧面在中心压出一条凹槽。接着将凹槽左右两侧的面团捏合。

4 再将接缝处朝下，拧扭后放到铺好烘焙纸的烤盘里。剩余的面团也用同样的方法拧扭成形。

二次发酵

按照p.49步骤6~7的方法，再发酵40分钟左右。发酵30分钟左右时，从烤箱中取出面团。用粘有面粉的厨房剪刀斜着在5个地方剪出深深的切口，将剪好的面团左右分开。烤箱预热至220度。

烘烤

面团发酵至1.5倍大后，放入烤箱中，在210度下烘烤20分钟。

能亲手做出这样的面包，
值得炫耀一番哦♪

将面团压成比培根稍微短一些的长方形，在中心偏上方的位置放上培根。

将培根卷入面团中，一边翻卷一边按压，如此重复4~5次。

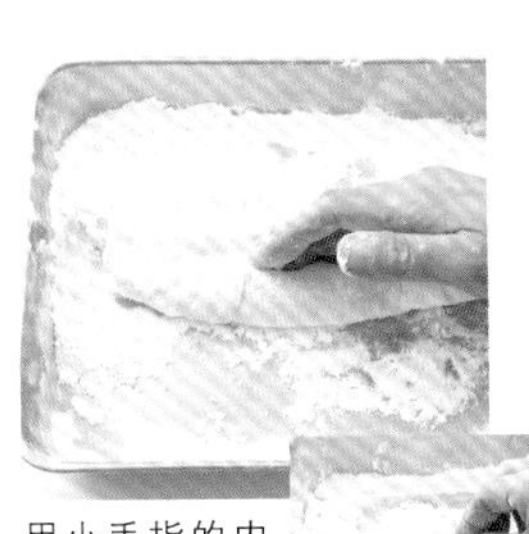

用小手指的内侧在中心压出一条凹槽，再将左右的面团捏合到一起。

将剪刀的刀尖戳到烤盘底，剪出深深的切口。用剪刀将面团往左右两侧分开。

黑糖花生扭花面包

210度
20分钟

面团中带有黑糖的柔和风味，再加入香脆的花生，就制成了这款可口的零食面包。
扭拧的面团表面更加酥脆，火候恰到好处，触手可及的美味。

◉材料（2 个的用量）

高筋面粉…………………………… 150g
干酵母……………………………… ½ 小匙
黑砂糖（粉末）………………… 15g
粗盐………………………………… 2g
色拉油……………………………… 5g
水…………………………………… 105g

花生………………………………… 40g
高筋面粉（烤盘用）………… 适量

◉准备工作

- 如果是未经处理的生花生，可先放在 150 度的烤箱中烘烤 15 分钟后备用（也可直接使用烘干花生）。
- 调节水温（参照 p.17）。
- 烤盘里撒上高筋面粉。

◉制作方法

混合材料

按照 p.18~19 步骤 1~4 的方法混合材料。用黑砂糖代替步骤 1 中的砂糖。在步骤 2 中加入酵母，放置 30 秒钟后再放花生，混合均匀。

一次发酵、排气

按照 p.19~20 步骤 5~9 的方法，发酵 120 分钟后排气，然后再发酵 60 分钟。

切分面团

参照 p.47 步骤 1~2 的方法，将面团分成 2 块。

成形

1 双手涂上少许面粉，轻压面团，纵向拉伸成长方形。
2 用手指将面团外侧的一边稍稍向内翻卷，如此重复 5~6 次。卷成 22~23cm 的棒状。
3 拧扭后放到铺好烘培纸的烤盘上。剩余的面团也用同样的方法拧扭成形。

二次发酵

按照 p.49 步骤 6~7 的方法，再发酵 45 分钟左右。烤箱预热至 220 度。

烘烤

面团发酵至 1.5 倍大后，放入烤箱中，在 210 度下烘烤 20 分钟。

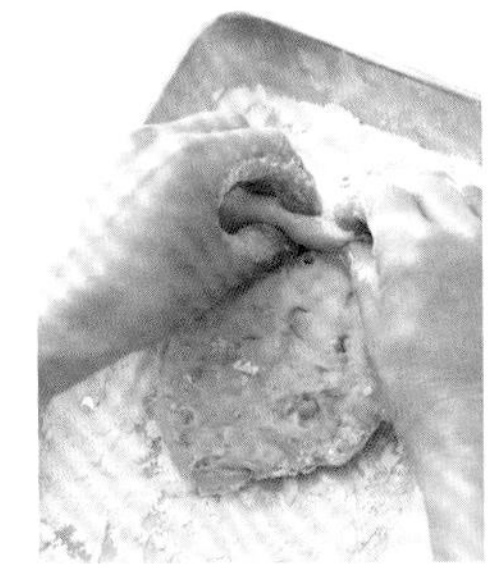

将面团纵向按拉成长方形，从顶端翻卷并按压，重复 5~6 次。

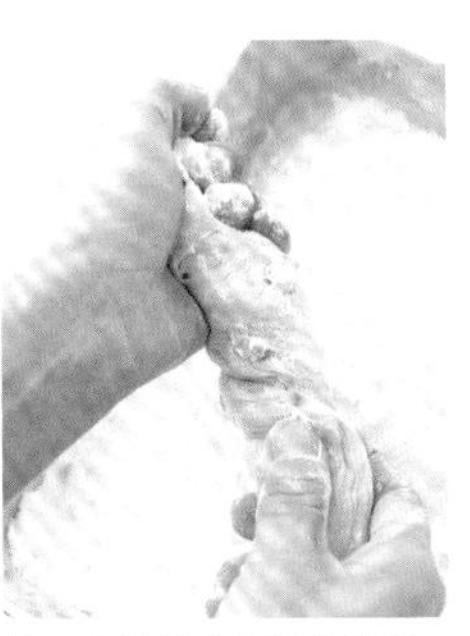

用一只手握住面团的顶端，另一只手拧扭。

可乐饼面包

210度
18分钟

基本人气款可乐饼面包，选用市售的可乐饼即可轻松完成！份量十足，强力推荐给饥肠辘辘的孩子和男士们。此外，尝试制作不同类型的可乐饼面包也不失为一种乐趣哦。

◉材料（4个的用量）

高筋面粉…………………………120g
低筋面粉…………………………30g
干酵母……………………………½小匙
砂糖………………………………5g
粗盐………………………………3g
色拉油……………………………5g
水…………………………………95g

可乐饼（市售商品）…………2块
鸡蛋（润色用）………………适量
高筋面粉（烤盘用）…………适量

◉准备工作

- 可乐饼从中间切两半。
- 调节水温（参照p.17）。
- 烤盘里撒上高筋面粉。

◉制作方法

混合材料

按照p.18~19步骤1~4的方法混合材料。在步骤3中，将低筋面粉与高筋面粉一起放入碗中。

一次发酵、排气

按照p.19~20步骤5~9的方法，发酵120分钟后排气，然后再发酵60分钟。

切分面团

参照p.47步骤1~2的方法，将面团分成4块。

成形

1 用手压扁面团，放到掌心，再放上可乐饼。用四周的面团包住可乐饼，再捏合面团。

2 将面团调整成圆形，接缝处朝下，放到铺好烘焙纸的烤盘里。然后用手稍稍压成扁平的圆形。剩余的面团也用同样的方法捏合成形。

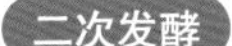

二次发酵

按照p.49步骤6~7的方法，再发酵45分钟左右。在步骤7中取出面团，然后划出2条深深的裂纹（技巧参照p.44），表面涂上蛋液，使面包更有光泽。烤箱预热至220度。

烘烤

面团发酵至1.5倍大后，放入烤箱中，在210度下烘烤18~20分钟。

与高筋面粉相比，低筋面粉中所含的面筋（粘性与弹力因子）较少，用其制成的面包膨松度高、口感柔软，非常适合做切片面包哦！

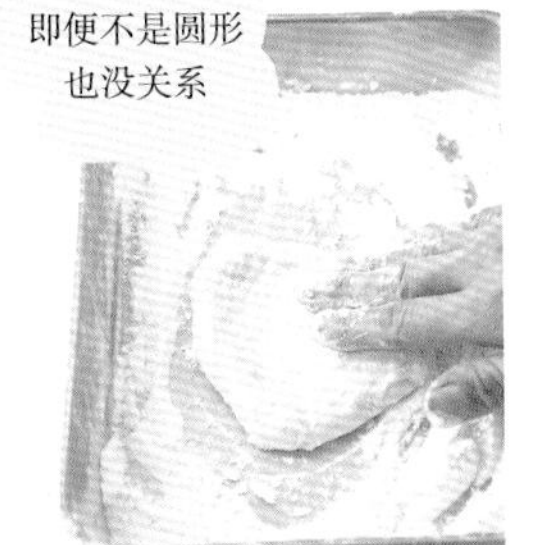

用手压扁面团，方便包住可乐饼。

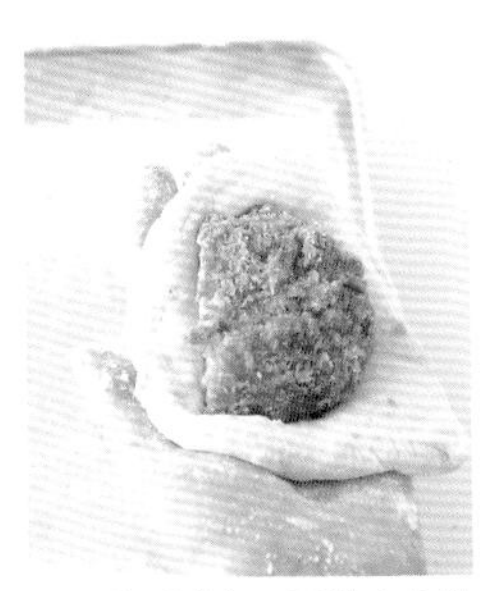

面团放到掌心，再放上半份可乐饼。

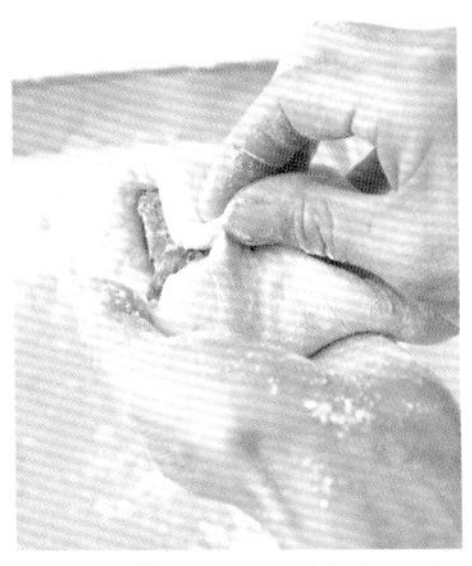

将周围的面团聚到中间，包住可乐饼，用力捏合。

烤咖喱包

210度
18分钟

味道略甜的柔软面包与辛辣的咖喱最相配！
面包粉酥脆的口感让人赞不绝口！无需煎炸即可制作而成，简单又健康。

◉材料（4个的用量）

高筋面粉……………………… 120g
低筋面粉……………………… 30g
干酵母………………………… ½小匙
砂糖…………………………… 5g
粗盐…………………………… 3g
色拉油………………………… 5g
水……………………………… 95g

咖喱
猪、牛肉混合肉末………… 140g
洋葱碎末……………………… ¼个的量
蒜末…………………………… 少许
Ⓐ 咖喱粉 …………………… ½大匙
  番茄酱 …………………… 1小匙
  盐 ………………………… 少许
小麦粉………………………… 2小匙
色拉油………………………… ½小匙

面包粉、蛋清（润色用）… 各适量
高筋面粉（烤盘用）……… 适量

◉准备工作

- 制作咖喱配料，冷却。
- 调节水温（参照p.17）。
- 烤盘里撒上高筋面粉。

咖喱的制作方法

将色拉油倒入平底锅中，加热。然后放入混合肉末翻炒，肉末变色后加入洋葱和蒜末，混合均匀。洋葱变软后，加入Ⓐ调味，接着再加入2大匙水和小麦粉，搅拌均匀。冷却后分成4份，揉成圆形。

◉制作方法

混合材料

按照p.18~19步骤1~4的方法混合材料。在步骤3中，将低筋面粉与高筋面粉一起放入碗中。

一次发酵、排气

按照p.19~20步骤5~9的方法，发酵120分钟后排气，然后再发酵60分钟。

切分面团

参照p.47步骤1~2的方法，将面团分成4块。

成形

1 用手压扁面团，放到掌心，再放上咖喱。用四周的面团包住咖喱，再捏合面团。
2 将面团调整成圆形，接缝处朝下，放到铺好烘焙纸的烤盘里。然后用手稍稍压扁。剩余的面团也用同样的方法捏合成形。

二次发酵

按照p.49步骤6~7的方法，再发酵45分钟左右。在步骤7中取出面团，之后逐一在每个面团表面涂上搅匀的蛋清，再撒上面包粉。烤箱预热至220度。

烘烤

面团发酵至1.5倍大后，放入烤箱中，在210度下烘烤18~20分钟。

可以使用市售的咖喱吗？

藤田老师的建议

建议选用手工制作的咖喱

市售的咖喱不够硬，很难用面团包住它。采用手工制作的方法可以调节其硬度，而且味道更胜一筹。大家试试看吧！

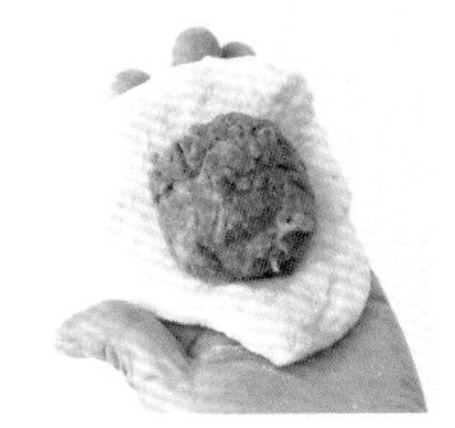
面团放到手掌中，放上团状的咖喱。

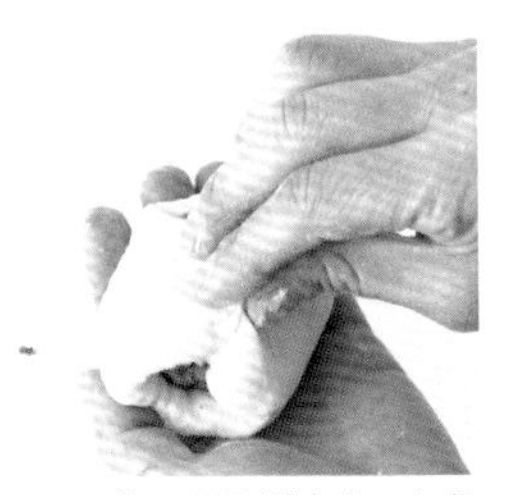
四周的面团聚到中央，包住咖喱，用力捏合。

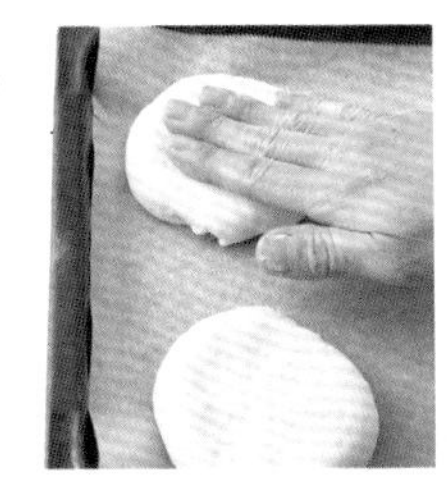
接缝处朝下，放到铺好烘焙纸的烤盘里，用手稍稍压扁。

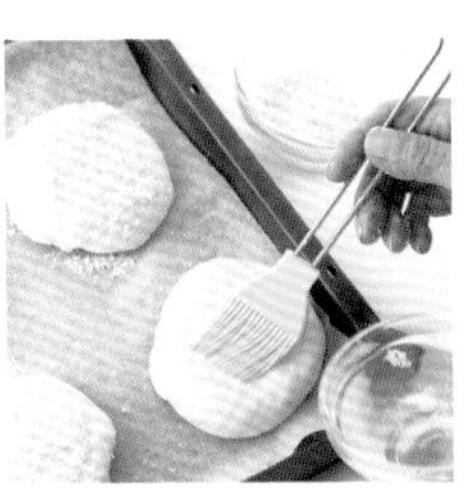
表面涂上蛋清，再撒上面包粉。为了避免干燥，请逐一处理每个面包。

芝麻馅饼

210度
18分钟

用烤盘重叠烘烤的方法制作出扁圆形的馅饼，推荐黑芝麻与豆馅的组合。甜点时间务必试试哦！

◉材料（4个的用量）

高筋面粉…………………… 150g
干酵母…………………… ½小匙
砂糖…………………… 10g
粗盐…………………… 2g
色拉油…………………… 5g
水…………………… 110g

黑芝麻…………………… 20g
红豆馅…………………… 120g
高筋面粉（烤盘用）………… 适量

◉准备工作

- 红豆馅分成4等份，揉成圆形。
- 调节水温（参照p.17）。
- 烤盘里撒上高筋面粉。

◉制作方法

混合材料

按照p.18~19步骤1~4的方法混合材料。在步骤1中加入芝麻。

一次发酵、排气

按照p.19~20步骤5~9的方法，发酵120分钟后排气，然后再发酵60分钟。

切分面团

参照p.47步骤1~2的方法，将面团分成4块。

成形

1 用手压扁面团，放到掌心，再放上红豆馅。用四周的面团包住红豆馅，再捏合面团。
2 将面团调整成圆形，接缝处朝下，放到铺好烘焙纸的烤盘里。然后用手稍稍压扁。剩余的面团也用同样的方法捏合成形。面团的上方再铺一层烘焙纸，然后重叠放上烤盘。

二次发酵

按照p.49步骤6~7的方法，保持烤盘重叠的状态，再发酵45分钟左右。烤箱预热至220度。

烘烤

面团发酵至1.5倍大后，保持烤盘重叠的状态，放入烤箱中，在210度下烘烤18~20分钟。

揉成圆形后
更容易包！

面团放到手掌心，再放上圆形的红豆馅。

四周的面团聚到中央，包住红豆馅，用力捏合。

接缝处朝下，放到铺好烘焙纸的烤盘里，用手稍稍压扁。

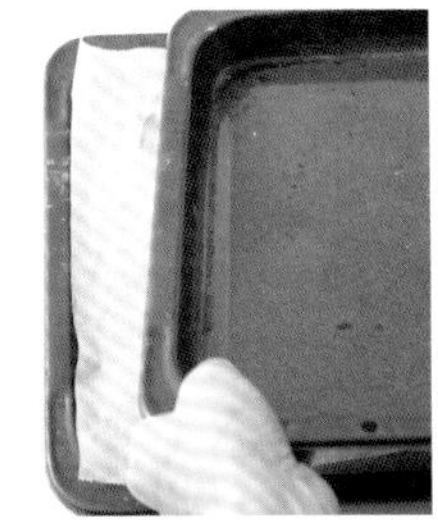
保持烤盘重叠的状态，继续进行二次发酵，然后直接烘烤。

香瓜面包

切开有惊喜！酥脆的曲奇外壳下藏着用巧克力豆制成的可可馅。
制作工序稍微繁琐一些，但美味绝对让你值得等待。

◉材料（4个的用量）

高筋面粉…………………… 150g
可可粉……………………… 1大匙（6g）
干酵母……………………… ½小匙
砂糖………………………… 15g
粗盐………………………… 2g
色拉油……………………… 5g
水…………………………… 110g
巧克力豆…………………… 20g

曲奇面团

低筋面粉…………………… 160g
泡打粉……………………… ¼小匙
砂糖………………………… 50g
黄油（不含盐）…………… 40g
牛奶………………………… 65g

精制白砂糖………………… 适量
高筋面粉（烤盘用）……… 适量

◉准备工作

- 黄油切成边长1cm的方块，置于冷藏室冷冻。
- 制作曲奇面团。
- 可可粉过筛。
- 调节水温（参照p.17）。
- 烤盘里撒上高筋面粉。

◉制作方法

混合材料

按照p.18~19步骤1~4的方法混合材料。在步骤2中加入干酵母，放置30秒钟后再放巧克力豆，混合均匀。然后在步骤3中将可可粉与高筋面粉一起放入碗中。

一次发酵、排气

按照p.19~20步骤5~9的方法，发酵120分钟后排气，然后再发酵60分钟。

切分面团

参照p.47步骤1~2的方法，将面团分成4块。

成形

1 按照p.48步骤3~5的方法捏合成形。
2 然后将1块曲奇面团放到面包面团上，用保鲜膜从上往下包好，使两块面团紧贴在一起（保鲜膜无需覆盖全部面团）。然后再撕掉保鲜膜，调整形状。
3 表面撒上精致白砂糖，用刮片（或者黄油刀）纵向划出4条、斜着划出3条印痕。之后放到铺好烘焙纸的烤盘里。剩余的面团也按同样的方法处理。

二次发酵

按照p.49步骤6~7的方法，再发酵45分钟左右。烤箱预热至210度。

烘烤

面团发酵至1.5倍大后，放入烤箱中，在200度下烘烤20~25分钟。

利用保鲜膜

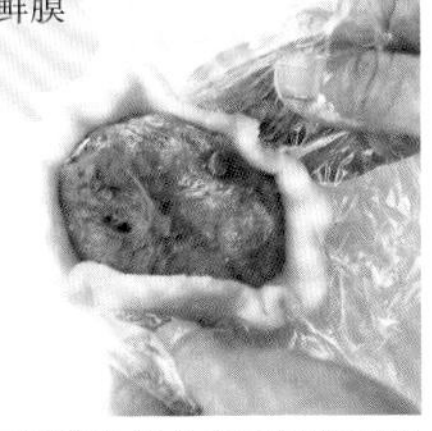

用保鲜膜将曲奇面团和面包面团捏紧。

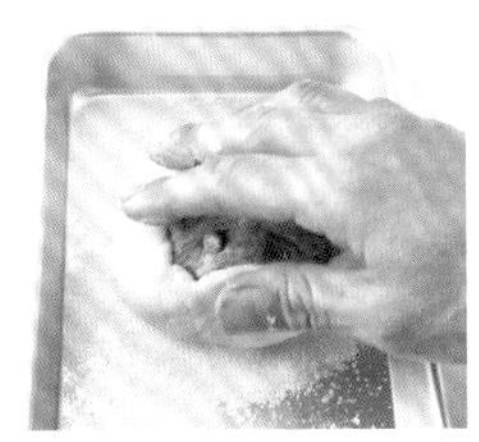

烤盘里撒上绵白糖，用曲奇面团一侧轻压，使表面粘上精制白砂糖。

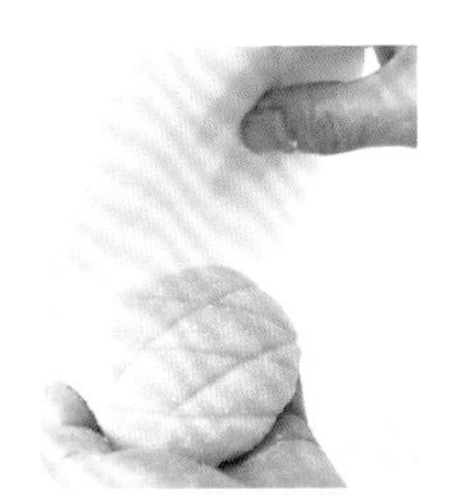

用刮片等划出印痕。

如果没有刮片，可用黄油刀代替。普通的刀具会划破面团，切勿使用。

曲奇面团的制作方法

1 将低筋面粉、泡打粉、砂糖混合后放入碗中。然后放入黄油，用手指将其压成米粒大小的碎块。
2 倒入¾的牛奶，用刮片（或者汤匙）像切割面团一般搅拌均匀。再添加剩下的所有牛奶，用手压按的同时轻轻揉捏混合（如果仍有粉末残留，可以取出放到砧板上揉匀）。
3 面团4等分后揉成圆形，用保鲜膜包好，冷藏15~20分钟。
4 用2片保鲜膜夹住面团，然后用擀面杖将面团擀成直径12~13cm的圆形。每块都用保鲜膜包好，放到冷藏室，使用时再取出。

简易方包

下面将向大家介绍一些使用模具烘烤而成的面包。磅蛋糕、圆形蛋糕、纸杯玛芬等将会陆续登场。此外，还可以尝试多种改良口味，一起来试试看吧！

基本的迷你切片面包→制作方法 p.68

番薯迷你切片面包→制作方法 p.71

奶酪迷你切片面包→制作方法 p.71

基本的迷你

磅蛋糕模具
8×18×高 6cm

◉材料（1 个的用量）

高筋面粉…………………… 150g
干酵母…………………… ½ 小匙
砂糖…………………………5g
粗盐…………………………3g
色拉油………………………5g
水……………………………105g

高筋面粉（烤盘用）……适量

◉准备工作

- 调节水温（参照 p.17）。
- 烤盘里撒上高筋面粉。
- 模具内侧涂上色拉油（分量外），纵向铺好烘焙纸（经过氟化乙烯树脂加工的模具则无需烘焙纸）。

◉制作方法

混合材料

按照 p.18~19 步骤 1~4 的方法混合材料。

一次发酵、排气

按照 p.19~20 步骤 5~9 的方法，发酵 120 分钟后排气，然后再发酵 60 分钟。

成形

※ 此处附详细的图片说明（右侧）

按照 p.21 步骤 10 的方法取出面团。双手抹上少许面粉轻轻压按面团，纵向拉长。左右两侧各折叠 4~5cm，用手指压平。然后从面团的外侧开始，慢慢折叠卷起并轻轻按压，如此重复 6~7 次（呈卷状）。接缝处朝下，放入模具中，稍稍轻压填满模具。

二次发酵

将模具放到烤盘中，轻轻盖上涂有色拉油（分量外）的保鲜膜。利用烤箱的发酵功能（35 度）发酵 45~50 分钟。在发酵进行至 35 分钟左右时，从烤箱中取出，并将烤箱预热至 220 度。然后将面团放到温暖的地方，继续发酵。

烘烤

当面团稍稍溢出模具时，即可放入烤箱中，在 210 度下烘烤 25~30 分钟。

小技巧方便取出！

烘焙纸比模具略长，两边各留出一段，烘烤完成后便于取出整个面包。

成形前与“基本的圆

成形

1

按照 P.21 步骤 10 的方法取出面团放到烤盘中，双手抹上少许面粉，轻轻压按，纵向拉长。左右两侧各折叠 4~5cm，用手指压平。

切片面包

磅蛋糕模具是家庭烘焙常用的工具，将面团放入其中烘烤，就可以做出可爱美味的迷你切片面包。
外酥内软，口感劲道。
非常适合佐餐或是当作休闲零食，一款让人回味无穷的面包。

形大面包”相同（p.18~20）

将面团卷成模具的大小

2 从面团的外侧往内稍稍折叠，再用手指轻压。如此重复6~7次。

3 形成卷状。

4 接缝处朝下，放到模具中，轻压后使面团填满整个模具底部。

可在此步骤中放入配料

番薯块和奶酪等较大的配料，可以在折叠面团的左右两侧后放到其中，再卷起来，使配料均匀地分布在整块面团中。

初学者求助 SOS

可以使用纸质模具烘烤吗？

藤田老师的建议

此方法同样适用于纸质模具

纸质模具容易粘上面团，需要在底面和侧面涂上色拉油。然后按照图示方法，横向铺好烘焙纸，之后再放入面团（烘焙纸覆盖的范围要比金属模具更广）。

二次发酵 → 烘烤

210度
25分钟

以面团稍稍溢出模具为标准

烘烤完成！

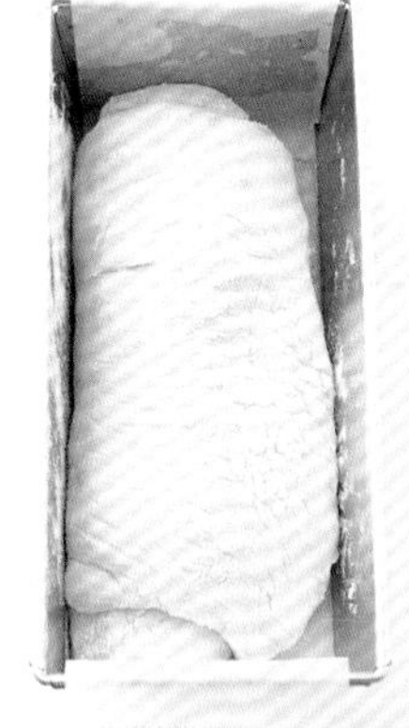

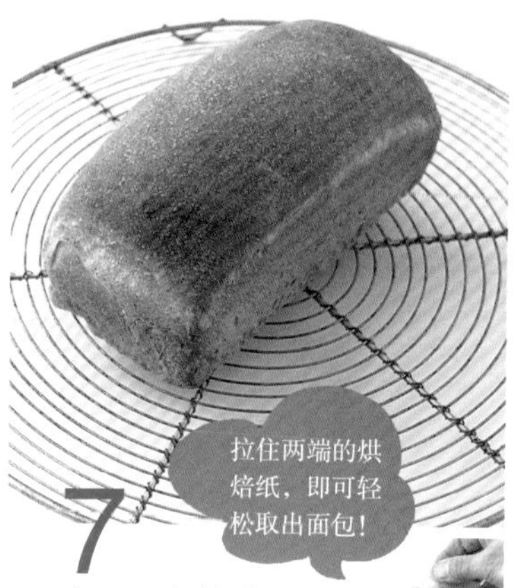

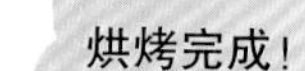

发酵前

5

放到烤盘中，轻轻盖上涂有色拉油（分量外）的保鲜膜。利用烤箱的发酵功能（35度）发酵50分钟左右。

烤箱预热需要一段时间，所以可以在发酵结束前的10分钟开始预热。

发酵后（结束前10分钟）

6

发酵进行至40分钟左右时，从烤箱中取出面团。接着将烤箱预热至220度（设置的温度比烘烤时的温度高10度）。尽量将面团放置在温暖的地方，继续发酵。大小以面团稍稍溢出模具为标准。

7

拉住两端的烘焙纸，即可轻松取出面包！

在210度的烤箱中烘烤25~30分钟。

※ 燃气烤箱用200度烘烤25分钟即可。

掌握基本迷你切片面包的制作方法后，就可以来制作这些面包啦！

番薯迷你切片面包
（p.71）

奶酪迷你切片面包
（p.71）

肉桂卷式迷你切片面包
（p.72）

除此以外，还可以在面团中添加葡萄干、橙皮、柠檬皮、巧克力豆等各种配料，制作多种风味的面包。

番薯迷你切片面包

番薯泥与番薯块双份足料，清新甘甜的切片面包。

210度
30分钟

◉材料（8×18×高6cm磅蛋糕模具1个的用量）

高筋面粉………… 150g
干酵母…………… ½小匙
砂糖……………… 10g
粗盐……………… 3g
色拉油…………… 5g
水………………… 100g

番薯（番薯泥用、去皮）……净重100g
番薯（番薯块用、带皮）……75g
强力粉（烤盘用）……………适量

◉准备工作

- 将100g的番薯煮熟后，滤去热水，再用叉子压碎。
- 将75g的番薯切成边长1cm的块状，煮1~2分钟。
- 调节水温（参照p.17）。
- 烤盘里撒上高筋面粉。
- 模具内侧涂上色拉油（分量外），纵向铺好烘焙纸（参照p.68）。

◉制作方法

混合材料

按照p.18~19步骤1~4的方法混合材料。在步骤2中加入干酵母，放置30秒后再放番薯泥，混合均匀。

一次发酵、排气

按照p.19~20步骤5~9的方法，发酵120分钟后排气，然后再发酵60分钟。

成形

按照p.68~69步骤1~4的方法捏合成形。在步骤1左右折叠面团后放上番薯块。

二次发酵

按照p.70步骤5~6的方法，再发酵50分钟。烤箱预热至220度。

烘烤

面团稍稍从模具中溢出来时，即可放入烤箱中，在210度下烘烤30分钟。

奶酪迷你切片面包

日常烘培的最佳选择，人人都爱的奶酪切片面包。
干奶酪并不会完全熔化，仍有部分留在面包里哦。

210度
25分钟

◉材料（8×18×高6cm磅蛋糕模具1个的用量）

高筋面粉…………… 150g
干酵母……………… ½小匙
砂糖………………… 5g
粗盐………………… 3g
色拉油……………… 5g
水…………………… 105g

干奶酪……………… 60g
强力粉（烤盘用）… 适量

◉准备工作

- 奶酪切成边长1cm的块状。
- 调节水温（参照p.17）。
- 烤盘里撒上高筋面粉。
- 模具内侧涂上色拉油（分量外），纵向铺好烘焙纸（参照p.68）。

◉制作方法

混合材料

按照p.18~19步骤1~4的方法混合材料。

一次发酵、排气

按照p.19~20步骤5~9的方法，发酵120分钟后排气，然后再发酵60分钟。

成形

按照p.68~69步骤1~4的方法捏合成形。在步骤1左右折叠面团后放上奶酪。

二次发酵

按照p.70步骤5~6的方法，再发酵50分钟。烤箱预热至220度。

烘烤

面团稍稍从模具中溢出来时，即可放入烤箱中，在210度下烘烤25~30分钟。

肉桂卷式迷你切片面包

切开后露出漂亮的漩涡纹，与烘焙店所售的面包无二。
美味的肉桂与香脆的核桃真是绝赞的搭配。用做闺蜜午餐会的小礼物吧？

◉材料（8×18×高6cm磅蛋糕模具1个的用量）

高筋面粉	150g
干酵母	½小匙
砂糖	15g
粗盐	2g
色拉油	5g
水	105g

肉桂粉	½小匙
精制白砂糖	1小匙
核桃	15g
高筋面粉（烤盘用）	适量

◉准备工作

- 将肉桂粉与精制白砂糖混合，制成肉桂糖粉。
- 核桃放在150度的烤箱中烘烤10分钟，稍稍冷却后研碎。
- 调节水温（参照p.17）。
- 烤盘里撒上高筋面粉。
- 模具内侧涂上色拉油（分量外），纵向铺好烘焙纸（参照p.68）。

◉制作方法

混合材料

按照p.18~19步骤1~4的方法混合材料。

一次发酵、排气

按照p.19~20步骤5~9的方法，发酵120分钟后排气，然后再发酵60分钟。

成形

按照p.68~69步骤1~4的方法捏合成形。在步骤1左右折叠面团后放上肉桂糖粉和核桃。

二次发酵

按照p.70步骤5~6的方法，再发酵50分钟。烤箱预热至220度。

烘烤

面团稍稍从模具中溢出来时，即可放入烤箱中，在210度下烘烤25~30分钟。

翻卷时为了防止核桃和肉桂糖粉溢出，可在四周稍微留白，先撒上肉桂糖粉再放核桃。

注意不要让肉桂糖粉粘到手上，重复翻折和压按的动作。

培根罗勒面包

210度
25分钟

等待出炉的时候，培根与罗勒的香味扑面而来，让人迫不及待。
分成两块放入模具中烘烤，面包膨松柔软的样子可爱极了。

蛋糕模
直径 15×高 6cm

◉材料（1个的用量）

高筋面粉…………………………150g
干酵母……………………………½小匙
砂糖………………………………5g
粗盐………………………………2g
色拉油……………………………5g
水…………………………………105g

培根………………………………3片
罗勒叶……………………………10片
高筋面粉（烤盘用）…………适量

◉准备工作

- 培根切成5mm宽的小段。平底锅中无需浇油，将培根直接倒入锅中翻炒，然后放到厨房用纸上吸掉多余的油脂。
- 罗勒叶撕成7~8mm大小的碎片。
- 调节水温（参照p.17）。
- 烤盘里撒上高筋面粉。
- 模具内侧涂上色拉油（分量外），底面铺好烘焙纸。

◉制作方法

混合材料

按照p.18~19步骤1~4的方法混合材料。在步骤2中加入干酵母，放置30秒后再放培根和罗勒叶，混合均匀。

一次发酵、排气

按照p.19~20步骤5~9的方法，发酵120分钟后排气，然后再发酵60分钟。

切分面团

参照p.47步骤1~2的方法，将面团分成2块。

成形

按照p.48步骤3~5的方法捏合成形。沿四周重复步骤3折叠面团的工序7~8次。剩余的面团也按同样的方法捏合成形，接缝处朝下，将2块面团并列放到模具中。

二次发酵

按照p.70步骤5~6的方法，再发酵45分钟。发酵35分钟左右时，从烤箱中取出，在常温下继续二次发酵。烤箱预热至220度。

烘烤

面团发酵至1.5倍大后，放入烤箱中，在210度下烘烤25~30分钟。

面团分成2块，揉捏成形后并列放到模具中。二次发酵完成后，面团的大小约为原来的1.5倍。

将烘焙纸剪成正方形，铺到模具底面。

将烘焙纸剪成圆形比较难，只需剪成四边形铺到模具底面就可以啦！无法覆盖到侧面也没有关系。

香蕉核桃面包

面团分成 4 块，同时放到模具中烘烤，就会出现四叶草一般的形状。
加了香蕉的面团，既甘甜又湿软。如果再加入一些鲜奶油，就更加美味了。

蛋糕模
直径 15× 高 6cm

◉材料（1 个的用量）

高筋面粉	150g
干酵母	½ 小匙
砂糖	10g
粗盐	2g
色拉油	5g
水	30g
香蕉	80g
核桃	20g
高筋面粉（烤盘用）	适量

◉准备工作

- 核桃放在 150 度的烤箱中，烘烤 10 分钟。稍微冷却后研碎。
- 调节水温（参照 p.17）。
- 烤盘里撒上高筋面粉。
- 模具内侧涂上色拉油（分量外），底面铺好烘焙纸（参照 p.75）。

◉制作方法

混合材料

砂糖、盐、色拉油倒入碗中，随后加水，再添加干酵母，放置 30 秒钟。干酵母溶解后，将捏碎的香蕉放入其中，再加入核桃、高筋面粉。用塑料袋代替手套套在手上，揉捏香蕉和面粉，直至面粉混合均匀，呈黏糊状。

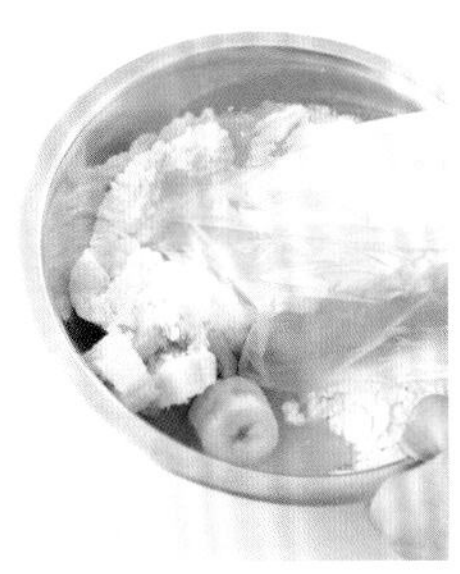

不需要橡胶刮刀，一开始就用套着塑料袋的手揉捏混合。揉至香蕉和面粉均无块状残留，面团变黏稠时即可。

一次发酵、排气

按照 p.19~20 步骤 5~9 的方法完成一次发酵和排气。不过，一次发酵的前半段需要在室温下发酵 180 分钟。面团大小发酵至原来的 1.2 倍时即可。一次发酵的后半段则需要在室温下发酵 120 分钟。

※ 在 30~33 度的温暖环境中，前半段需要 120~150 分钟，后半段 90 分钟左右即可。

切分面团

参照 p.47 步骤 1~2 的方法，将面团分成 4 块。

面团分成 4 块，放到模具中。

成形

按照 p.48 步骤 3~5 的方法捏合成形。接缝处朝下，将 4 块面团放到模具中。

二次发酵

按照 p.70 步骤 5~6 的方法，再发酵 60 分钟。发酵至 50 分钟左右时，从烤箱中取出面团。烤箱预热至 220 度。

烘烤

面团发酵至 1.2 倍大后，放入烤箱中，在 210 度下烘烤 20~25 分钟。面团表面变焦黄后，将温度下调至 200 度。

> 掺入香蕉的面团发酵时相对耗时，请注意留出充足的时间哦。

红茶西梅面包

使用纸杯模烘烤出别具风味的面包。香味宜人的红茶与酸酸甜甜的西梅可是最佳搭配哦。红茶可随个人喜好选择阿萨姆茶或格雷伯爵茶。

◉材料（4 个的用量）

高筋面粉	150g
干酵母	½ 小匙
砂糖	15g
粗盐	2g
色拉油	5g
水	105g
红茶	4g（2 个茶包的分量）
西梅	4 颗
高筋面粉（烤盘用）	适量

◉准备工作

- 红茶放到塑料袋中，用擀面杖在上方滚动，将其碾碎（如果是红茶末则可直接使用）。
- 西梅放入容器内，倒入热水，马上沥干水分。接着再倒入热水，浸泡 10 分钟左右，待西梅泡开后沥干水分，撕成两半。

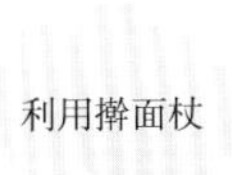

利用擀面杖

- 调节水温（参照 p.17）。
- 烤盘里撒上高筋面粉。

◉制作方法

混合材料

按照 p.18~19 步骤 1~4 的方法混合材料。在步骤 1 中加入红茶。

一次发酵、排气

按照 p.19~20 步骤 5~9 的方法，发酵 120 分钟后排气，然后再发酵 60 分钟。

切分面团

参照 p.47 步骤 1~2 的方法，将面团分成 4 块。

成形

将压平的面团放到手里，再放上 2 个撕开的西梅。将四周的面团聚集到中间，包住西梅后捏合（参照 p.59 成形的步骤图片）。调整成圆形，接缝处朝下放入模具中。剩余的面团也用同样的方法捏合成形。

二次发酵

按照 p.70 步骤 5~6 的方法，再发酵 45 分钟。烤箱预热至 220 度。

烘烤

面团发酵至 1.5 倍大后，放入烤箱中，在 210 度下烘烤 18~20 分钟。

用比玛芬纸杯模略大的意式纸杯模制作！如果选用玛芬模，相对来说面团就多了一些，经过二次发酵后面团会溢出来，不利于烘烤。

西梅放到面团里，四周的面团聚到中央，捏合。

接缝处朝下，放入模具中（如图所示）。二次发酵完成后，面团会膨胀至距离模具边缘 1~2cm 的位置。

咖啡奶油面包

咖啡风味的奶油，味道微苦，少了几分甜腻。
趁热吃一口，奶油融化在嘴里美味无与伦比。

意式纸杯型
直径 6.5× 高 5cm
（容量 200mL）

◉材料（4 个的用量）

高筋面粉……………… 120g
低筋面粉……………… 30g
干酵母………………… ½ 小匙
砂糖…………………… 15g
粗盐…………………… 2g
色拉油………………… 5g
水……………………… 95g

咖啡奶油

牛奶…………………… 100mL
蛋黄…………………… 1 个的量
精制白砂糖…………… 20g
玉米粉………………… 2 小匙（5g）
低筋面粉……………… 1.5 小匙（4g）
速溶咖啡……………… 1 小匙

鸡蛋（润色用）……… 适量
高筋面粉（烤盘用）… 适量

◉准备工作

- 制作咖啡奶油。
- 调节水温（参照 p.17）。
- 烤盘里撒上高筋面粉。

◉制作方法

混合材料

按照 p.18~19 步骤 1~4 的方法混合材料。在步骤 3 中，将低筋面粉与高筋面粉一起加入碗中。

一次发酵、排气

按照 p.19~20 步骤 5~9 的方法，发酵 120 分钟后排气，然后再发酵 60 分钟。

切分面团

参照 p.47 步骤 1~2 的方法，将面团分成 4 块。

成形

将压平的面团放到手里，再放上咖啡奶油。四周的面团聚集到中间，包住奶油后捏合（参照 p.59 成形的步骤图片）。调整成圆形，接缝处朝下放入模具中。剩余的面团也用同样的方法捏合成形。

二次发酵

按照 p.70 步骤 5~6 的方法，再发酵 45 分钟。在步骤 6 中从烤箱取出面团后，用刷子在表面涂上蛋液，之后继续进行二次发酵。烤箱预热至 220 度。

烘烤

面团发酵至 1.5 倍大后，放入烤箱中，在 210 度下烘烤 18~20 分钟。面团表面变焦黄后，将温度下调至 200 度。

奶油 4 等分，用手对折重叠，切成小块放在面团上，便于捏合。

非圆形的咖啡奶油也可以，折叠后就行啦！

咖啡奶油的制作方法

1 将牛奶以外的材料都放入锅中，先加入少量的牛奶，用打蛋器混合。然后再慢慢倒入剩余的牛奶，同时搅拌均匀。
2 开火，边搅边煮，呈黏糊状后关火。倒入烤盘中，用保鲜膜密封，冷却。
3 凝固后分成 4 等份，再分别切小块。

配料的各种变化

尝试选用各式食材替换面团里的配料，搭配出多种口味的圆形面包和长法棍、迷你切片面包等。

掌握放入每种配料的时机，尝试制作花样面包的乐趣吧。

小粒配料

制作面团时，可将其与砂糖、盐、色拉油一起放入碗中。

黑胡椒

其特点是具辛辣香味。请按个人的口味酌情而定添加。

干香草

迷迭香、牛至、百里香等多种干香草混合，味道浓郁。

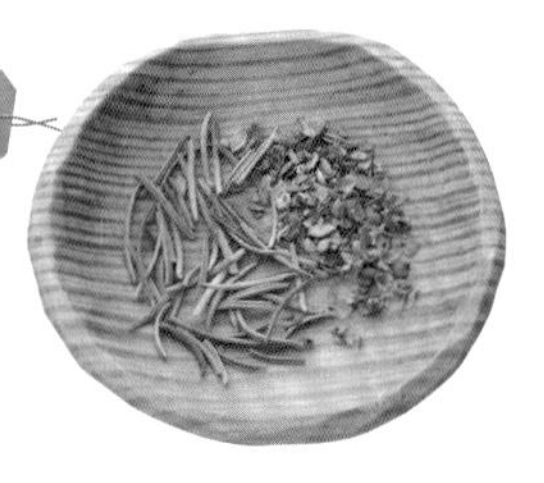

香料

推荐肉桂粉和茴香籽。制作出散发着异域香气的面包。

粉色花椒

鲜艳的粉色非常适合用来做点缀，基本没有辣味。

大粒配料

比较大的配料，可在干酵母之后、面粉之前放到碗中。

坚果

推荐块状或切碎的杏仁、南瓜籽等。强调香脆口感。

豆类（袋装）

类似鹰嘴豆的各种豆类煮好打包，可以直接使用，非常方便。

干果

酸甜的蔓越莓干，微苦的橙皮等都有提味的作用。

混合谷物

玄米和麦片等多种谷物混合而成。用水煮 10 分钟左右即可使用。

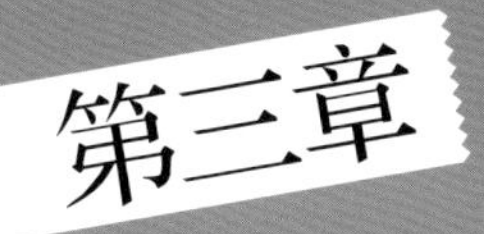

从制作到完成只需 40 分钟！

无需等待
可直接烘烤的
面包

本章会为大家介绍几种快手面包，
用泡打粉代替干酵母，从而省去发酵的时间。
汇集了苏打面包、玛芬和司康等人气甜点，
简单的制作方法，
初学者也可轻松挑战。

无需等待可直接烘烤的

混合材料，放到烤盘里就可以烘烤啦！从开始制作到最后完成只需 40 分钟左右。简单的快手

制作面团只需
10 分钟！

◉材料（1 个的用量）

低筋面粉………… 150g
泡打粉…………… 1 小匙（4g）
鸡蛋……………… 1 个（大号）
砂糖……………… 10g
粗盐……………… 2g
色拉油…………… 1 大匙（12g）
牛奶……………… 45g
低筋面粉（润色用）
……………… 适量

◉准备工作

- 低筋面粉与泡打粉混合。
- 烤箱预热至 210 度。

1 在蛋液中加入牛奶

鸡蛋倒入碗中，打匀。接着加入砂糖、盐、油，用打蛋器搅拌均匀。然后加入牛奶混合。

在此步骤中加入配料

需要加入玉米或巧克力等配料时，可与牛奶一同放入。如果在面粉之后放入则不易混合均匀。

免发酵面包！快捷迅速

系苏打面包让人无法拒绝。建议当日烘烤当日食用。

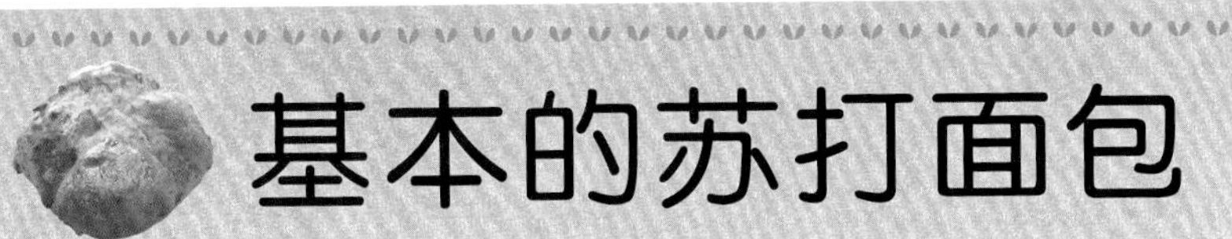

基本的苏打面包

2 加入面粉混合

分两次添加

加入一半的面粉，用橡胶刮刀搅拌均匀后，再加入剩余的面粉。握住橡胶刮刀的底部，用切割的方法混合（尽量避免粘到刮刀上）。面粉混合均匀后面团就做好了。

3 放到烤盘里

烘焙纸铺到烤盘里，面团调整成小山包的形状，放在纸上，然后用浸过水的橡胶刮刀抹平表面（这样面团就不会粘到刮刀上了）。

4 划出切口，烘烤

接下来就可以送进烤箱啦！

200度
15分钟

190度
15分钟

表面用茶叶筛撒上低筋面粉，接着用粘有面粉的刀划出深深的十字切口。放在 200 度的烤箱中烘烤 15 分钟后，将温度下调至 190 度，再烤 15 分钟左右。

※ 燃气烤箱用 190 度烘烤 25 分钟即可。

划切口能让烘烤更为彻底。刀尖可落到面团底部，但不能划破面团。

培根 & 玉米面包

培根和玉米都是孩子们的最爱。
配料十足又颇有嚼劲的苏打面包。

※ 请参考“基本的苏打面包”（p.84~85）的步骤图片。

◉材料（1个的用量）

低筋面粉……………………150g
泡打粉………………………1小匙（4g）
鸡蛋…………………………1个（大号）
砂糖…………………………10g
粗盐…………………………2g
色拉油………………………1大匙（12g）
牛奶…………………………45g

培根…………………………3片
甜玉米罐头…………………100g
荷兰芹碎末…………………½杯
低筋面粉（润色用）…适量

◉准备工作

- 培根切成7~8mm大小的块状。平底锅中无需浇油，将培根直接放入锅中翻炒，然后放到厨房用纸上吸掉多余的油脂。
- 玉米滤汁。
- 低筋面粉与泡打粉混合。
- 烤箱预热至210度。

◉制作方法

1 鸡蛋倒入碗中，打匀。接着加入砂糖、盐、油，用打蛋器搅拌均匀。然后加入培根、玉米、荷兰芹，再倒入牛奶，用橡胶刮刀混合。

2 加入一半的面粉，搅拌混合均匀。然后再加入剩余的面粉。尽量不要有结块，充分混合。面粉混合均匀后面团就做好了。

3 烘焙纸铺到烤盘里，面团调整成小山包的形状，放在纸上，然后用浸过水的橡胶刮刀抹平表面。

4 表面用茶叶筛撒上低筋面粉，接着用粘有面粉的刀划出深深的十字切口。放在200度的烤箱中烘烤15分钟后，将温度下调至190度，再烤15~20分钟左右。

菠萝 & 椰子面包

菠萝的香甜味弥漫整个面包，而椰子的清脆口感更是锦上添花。可以将奶油奶酪涂在面包上享用。

◉材料（2个的用量）

低筋面粉……………… 150g
泡打粉………………… 1小匙（4g）
鸡蛋…………………… 1个（大号）
砂糖…………………… 20g
粗盐…………………… 1g
色拉油………………… 1大匙（12g）
牛奶…………………… 15g

菠萝（生）………… 120g
椰丝…………………… 40g
精制白砂糖（润色用）
…………………… 适量

◉准备工作

- 椰丝放到140度的烤箱中烘烤4~5分钟。
- 菠萝切成5mm大小的块状及4~5cm长的丝状。
- 低筋面粉与泡打粉混合。
- 烤箱预热至200度。

◉制作方法

1 鸡蛋倒入碗中，打匀。接着加入砂糖、盐、油，用打蛋器搅拌均匀。然后加入菠萝和椰丝，再倒入牛奶，用橡胶刮刀混合。

2 加入一半的面粉，搅拌混合均匀。然后再加入剩余的面粉。尽量不要有结块，充分混合。面粉混合均匀后面团就做好了。

3 用橡胶刮刀和汤匙子将面团分成两半，分别放到铺好烘焙纸的烤盘里，并将面团调整成小山包的形状，然后用浸过水的橡胶刮刀抹平表面。

4 表面撒上精制白砂糖，放在190度的烤箱中烘烤15分钟后，将温度下调至180度，再烤15分钟左右。

※请参考“基本的苏打面包”（p.84~85）的步骤图片。

预先准备需要混合的配料！

刚开始面团会比较硬，但随着搅拌过程中菠萝不断地析出水分，面团也会慢慢变软，恰到好处。

木莓 & 白巧克力面包

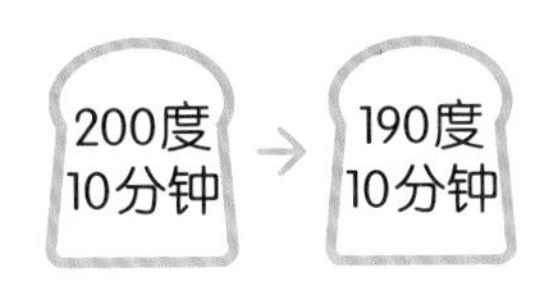

隐隐约约透出粉色的面团，充满可爱甜美气息的苏打面包。
酸甜的木莓与丝滑的白巧克力搭配出新颖口感。

◉材料（4个的用量）

低筋面粉…………………… 150g
泡打粉……………………… 1小匙（4g）
鸡蛋………………………… 1个（大号）
砂糖………………………… 30g
粗盐………………………… 1g
色拉油……………………… 1大匙（12g）
牛奶………………………… 20g

木莓（冷冻）……………… 80g
白巧克力…………………… 25g
精制白砂糖（润色用）… 适量

◉准备工作

- 巧克力切成1cm大小的块状。
- 低筋面粉与泡打粉混合。
- 烤箱预热至210度。

◉制作方法

1 鸡蛋倒入碗中，打匀。接着加入砂糖、盐、油，用打蛋器搅拌均匀。然后加入冷冻的木莓和巧克力，再倒入牛奶，用橡胶刮刀混合。

2 加入一半的面粉，搅拌混合均匀。然后再加入剩余的面粉。尽量不要有结块，充分混合。面粉混合均匀后面团就做好了。

3 用橡胶刮刀和汤匙子取面团的¼，放到铺好烘焙纸的烤盘里，并将面团调整成小山包的形状，然后用浸过水的橡胶刮刀抹平表面。

4 表面撒上精制白砂糖，放在200度的烤箱中烘烤10分钟后，将温度下调至190度，再烤10~15分钟。

※ 请参考“基本的苏打面包”（p.84~85）的步骤图片。

可直接加入冷冻的木莓。搅拌的过程中令其自然解冻，面团随即被染成淡淡的粉色。

面团相对柔软，用橡胶刮刀和汤匙子操作更方便。

先取少量的面团放到烤盘里，若不够稍后再添加，才可保证每个面团的大小一致哦。

法式土豆咸蛋糕

200度
35分钟

面团的制作方法基本与苏打面包相同，用磅蛋糕模具烘烤出的法式咸蛋糕。味道香浓，适合与黄油（p.132~133）、沙司（P.114~117）搭配食用。

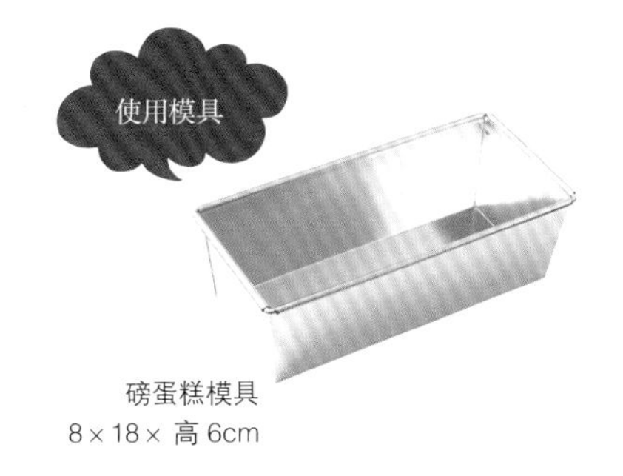

磅蛋糕模具
8×18×高6cm

此外，还可以尝试蔬菜口味哦！请看下页！

◉材料（1个的用量）

低筋面粉…………………150g
泡打粉……………………1小匙（4g）
鸡蛋………………………1个（大号）
砂糖………………………10g
粗盐………………………2g
色拉油……………………1大匙（12g）
牛奶………………………30g

土豆泥……………………80g

土豆容易变色，使用前捣碎即可。

◉准备工作

- 低筋面粉与泡打粉混合。
- 模具内侧涂上色拉油（分量外），纵向铺好烘焙纸。
- 烤箱预热至210度。

烘焙纸比模具略长，烘烤完成后便于取出蛋糕。

◉制作方法

1 鸡蛋倒入碗中，打匀。接着加入砂糖、盐、油，用打蛋器搅拌均匀。土豆连汁一起放入碗中，接着再倒入牛奶，用橡胶刮刀混合。

2 加入一半的面粉，搅拌混合均匀。然后再加入剩余的面粉。尽量不要有结块，充分混合。面粉混合均匀后面团就做好了。

3 倒入模具中，用浸湿的汤匙子抹平表面。

4 放到200度的烤箱中烘烤35分钟。

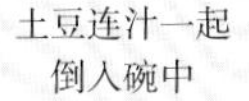

将土豆泥、牛奶倒入蛋液中，用打蛋器搅拌。

将面团倒入磅蛋糕模具中。

法式胡萝卜咸蛋糕

这款法式咸蛋糕的特点在于切开后呈现出明亮的橙色。
蜂蜜的香气与微甜口感，反而让胡萝卜的味道长留齿间。

◉材料（8×18× 高 6cm 磅蛋糕模具 1 个的用量）

低筋面粉……………150g
泡打粉………………1 小匙（4g）
鸡蛋…………………1 个（大号）
蜂蜜…………………40g
粗盐…………………1g
色拉油………………1 大匙（12g）
牛奶…………………15g

胡萝卜泥……………80g

◉准备工作

- 低筋面粉与泡打粉混合。
- 模具内侧涂上色拉油（分量外），纵向铺好烘焙纸（参照 p.91）。
- 烤箱预热至 210 度。

◉制作方法

1 鸡蛋倒入碗中，打匀。接着加入蜂蜜、盐、油，用打蛋器搅拌均匀。胡萝卜连汁一起放入碗中，接着倒入牛奶，用橡胶刮刀混合。

2 加入一半的面粉，搅拌混合均匀。然后再加入剩余的面粉。尽量不要有结块，充分混合。面粉混合均匀后面团就做好了。

3 倒入模具中，用浸湿的汤匙子抹平表面。

4 放到 200 度的烤箱中烘烤 35 分钟。蛋糕表面变焦黄后，将温度下调至 190 度。

法式西葫芦咸蛋糕

200度
35分钟

加入泥状和丝状两种西葫芦，让蛋糕更加松软。
搭配黄油和酸奶油，美味停不下来！

◉材料（8×18× 高 6cm 磅蛋糕模具 1 个的用量）

低筋面粉…………… 150g
泡打粉……………… 1 小匙（4g）
鸡蛋………………… 1 个（大号）
砂糖………………… 20g
粗盐………………… 2g
色拉油……………… 1 大匙（12g）
牛奶………………… 15g

西葫芦……………… 1 个（160g）

◉准备工作

- 西葫芦切两半，其中一半捣成泥（含汁），剩余的一半切成丝。
- 低筋面粉与泡打粉混合。
- 模具内侧涂上色拉油（分量外），纵向铺好烘焙纸（参照 p.91）。
- 烤箱预热至 210 度。

◉制作方法

1 鸡蛋倒入碗中，打匀。接着加入砂糖、盐、油，用打蛋器搅拌均匀。西葫芦泥连汁一起放入碗中，细丝也同时放入。接着再倒入牛奶，用橡胶刮刀混合。

2 加入一半的面粉，搅拌混合均匀。然后再加入剩余的面粉。尽量不要有结块，充分混合。面粉混合均匀后面团就做好了。

3 倒入模具中，用浸湿的汤匙子抹平表面。

4 放到 200 度的烤箱中烘烤 35 分钟。

烘烤过程中，水分会从西葫芦丝中析出，使蛋糕更加松软。口感相当独特。

红辣椒奶油奶酪玛芬

颜色净透的红辣椒让玛芬增色不少。
推荐将这款玛芬当作早餐和正餐时搭配红酒或啤酒的佐餐小食。

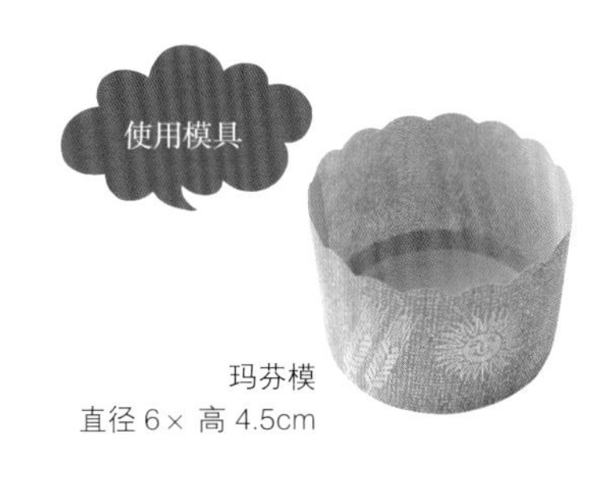

玛芬模
直径 6× 高 4.5cm

◉材料（5 个的用量）

低筋面粉…………………… 150g
泡打粉…………………… 1 小匙（4g）
鸡蛋…………………… 1 个（大号）
砂糖…………………… 10g
粗盐…………………… 2g
橄榄油…………………… 1 大匙（12g）
牛奶…………………… 60g

红辣椒…………………… 60g
奶油奶酪…………………… 50g

◉准备工作

- 红辣椒切成 1.5cm 大小的块状。奶油奶酪切成 2cm 左右的棒状，再分成 5 等份。
- 低筋面粉与泡打粉混合。
- 烤箱预热至 210 度。

◉制作方法

1 鸡蛋倒入碗中，打匀。接着加入砂糖、盐、橄榄油，用打蛋器搅拌均匀。放入红辣椒后再倒入牛奶，用橡胶刮刀混合。

2 加入一半的面粉，搅拌混合均匀。然后再加入剩余的面粉，用切割的方法充分混合（尽量不要有结块）。面粉混合均匀后面团就做好了。

3 用 2 把汤匙均匀地将面团放到模具中。再用手指将奶油奶酪压到面团里。

4 放到 200 度的烤箱中烘烤 25 分钟。玛芬表面变焦黄后，将温度下调至 190 度。

准备 2 把汤匙，先用水浸湿后再操作，避免面团粘到汤匙上。

露在表面的奶酪容易烤焦，因此要用手指将其压到面团里。

为什么最后才添加奶油奶酪?

藤田老师的建议

为了使奶酪混合均匀

如果与红辣椒同时添加，奶酪会相互粘在一起，没办法混合均匀。另外，若混合面团时搅碎了奶酪，烘烤后奶酪就熔化在面团中，不再有存在感。最后添加奶酪也是为了避免此状况发生。

◉**材料**（直径 6× 高 4.5cm 玛芬模 5 个的用量）

低筋面粉…………………… 150g
泡打粉……………………… 1 小匙（4g）
鸡蛋………………………… 1 个（大号）
蔗糖………………………… 35g
粗盐………………………… 少许
黄油（无盐）……………… 30g
牛奶………………………… 25g

苹果………………………… 120g
精制白砂糖（润色用）… 适量

◉准备工作

- 苹果连皮切成小的扇形。
- 黄油用微波炉加热 40 秒钟熔化。
- 低筋面粉与泡打粉混合。
- 烤箱预热至 210 度。

◉制作方法

1 鸡蛋倒入碗中，打匀。接着加入蔗糖、盐、黄油，用打蛋器搅拌均匀。放入苹果后再倒入牛奶，用橡胶刮刀混合。

2 加入一半的面粉，搅拌混合均匀。然后再加入剩余的面粉，用切割的方法充分混合。面粉混合均匀后面团就做好了。

3 用 2 把汤匙均匀地将面团放到模具中。然后用浸湿的汤匙抹平表面。

4 撒上精制白砂糖，放到 200 度的烤箱中烘烤 30 分钟。玛芬表面变焦黄后，将温度下调至 190 度。

苹果切成宽 1cm、厚 5mm 左右的小扇形。

甜脆苹果玛芬

新鲜苹果的甜脆感弥漫口中。
蔗糖和黄油的添加让味道更加香浓。

苹果可随个人喜好选用“富士苹果”“津轻苹果”“金乔纳苹果”等。

木斯理玛芬

在玛芬中加入用玉米片、水果干、坚果等混合而成的木斯理，甜度适中，早餐的最佳选择。

◉材料（直径 6× 高 4.5cm 玛芬模 5 个的用量）

低筋面粉……………………150g
泡打粉………………………1 小匙（4g）
鸡蛋…………………………1 个（大号）
砂糖…………………………40g
粗盐…………………………少许
黄油（无盐）………………30g
牛奶…………………………85~100g

木斯理………………………100g

◉准备工作

- 黄油用微波炉加热 40 秒钟熔化。
- 低筋面粉与泡打粉混合。
- 烤箱预热至 210 度。

◉制作方法

1. 鸡蛋倒入碗中，打匀。接着加入砂糖、盐、熔化的黄油，用打蛋器搅拌均匀。放入木斯理后再倒入牛奶，用橡胶刮刀混合。然后放置 1 分钟，使各种原料相互融合。
2. 加入一半的面粉，搅拌混合均匀。然后再加入剩余的面粉，用切割的方法充分混合。面粉混合均匀后面团就做好了。
3. 用 2 把汤匙均匀地将面团放到模具中。然后用浸湿的汤匙抹平表面。
4. 再撒上些木斯理（分量外）作为点缀，之后放到 200 度的烤箱中烘烤 25 分钟。

木斯理与不同的商品搭配时用量均有所不同，可酌情加减牛奶的配量。以用勺子舀起时不会迅速滴落为参考标准。

点缀用的木斯理要先去掉容易被烤焦的水果干再使用。

40分钟即可烘烤完成！

1 黄油放到粉类中混合

黄油放到粉类中，用手指压碎，同时与粉类混合。然后用双手搓揉，使面团更细腻。黄油完全熔化，呈松散状为宜。接着放入奶酪，搅拌均匀。

在此步骤中加入配料

当粉类与黄油混合均匀后，加入奶酪、巧克力豆等配料。如果在面团制作完成之后再放配料，反而会混合不均匀。

◉材料（6个的用量）

低筋面粉…………… 150g
泡打粉……………… 1小匙（4g）
砂糖………………… 10g
粗盐………………… 2g
黄油（无盐）……… 30g
牛奶………………… 75g

高达奶酪…………… 45g

黄油要切成1cm大小的块状哦！

◉准备工作

- 黄油切成1cm大小的块状，放到冷藏室里冷冻。
- 奶酪切成1cm大小的块状。
- 低筋面粉、泡打粉、砂糖与盐倒入碗中混合。
- 烤箱预热至210度。

不加奶酪制作出的就是原味司康。

基本的奶酪司康

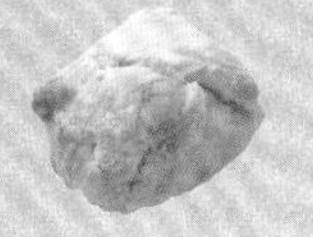

2 添加牛奶，搅拌均匀

倒入⅔的牛奶，用大汤匙像切割面团一样混合（尽量不要揉捏）。然后加入剩下的牛奶，尽量将所有面粉搅拌到面团中。面粉消失后，换用手揉捏。

如果一次性加入所有牛奶反而无法混合均匀，这一点需要特别注意！

3 切开面团，重叠放置

取出面团放到桌上，用手压平。然后用刮片（或刀）切成两半，重叠放置。如此重复3次。

4 分割面团，烘烤

200度
20分钟

将面团压成10×12cm左右的长方形，用刮片（或刀）将其6等分。放到铺好烘焙纸的烤盘里，然后在200度的烤箱中烘烤20~25分钟。

※燃气烤箱用190度，烘烤20分钟即可。

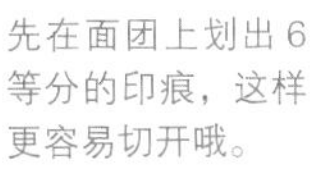

先在面团上划出6等分的印痕，这样更容易切开哦。

面团的重叠方法

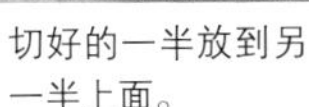

先用手压平面团，再切成两半。

切好的一半放到另一半上面。

再用手压平重叠好的面团。

红豆馅饼式司康

200度
20分钟

黄油风味的面皮与红豆馅是绝赞的搭配，
一款充满和风味道的司康。
小篮子一样的外形看起来可爱至极！

◉材料（6 个的用量）

低筋面粉……………… 150g
泡打粉………………… 1 小匙（4g）
砂糖…………………… 30g
粗盐…………………… 1g
黄油（无盐）………… 30g
牛奶…………………… 75g

红豆馅………………… 120g
蛋液（润色用）……… 适量
罂粟籽（白）………… 少许

◉准备工作

- 黄油切成 1cm 大小的块状，放到冷藏室里冷冻。
- 红豆馅分成 6 等份，揉成圆形。
- 低筋面粉、泡打粉、砂糖与盐倒入碗中，混合。
- 烤箱预热至 210 度。

◉制作方法

1 黄油放到粉类中，用手指压碎，同时与粉类混合均匀。然后用双手搓揉，使面团更细腻。黄油完全熔化，呈松散状为宜。接着放入奶酪，搅拌均匀。

2 倒入 ⅔ 的牛奶，用大汤匙像切割面团一样混合（尽量不要揉捏）。然后加入剩下的牛奶，尽量将所有面粉搅拌到面团中。面粉消失后，换做用手揉捏。

3 取出面团放到桌上，用手压平。然后用刮片（或刀）切成两半，重叠放置。如此重复 3 次。

4 将面团压成 10×12cm 左右的长方形，用刮片（或刀）将其 6 等分。取 1 份揉圆后按压成直径 7~8cm 的圆形，放上红豆馅，包好。剩余的面团也用同样的方法处理。接缝处朝下，放到铺好烘焙纸的烤盘里。

5 用刀划出 2 条切口，再用刷子涂上一层薄薄的蛋液，撒上罂粟籽。然后在 200 度的烤箱中烘烤 20 分钟。

※ 请参考“基本的芝士司康”（p.98~99）的步骤图片。

豆馅放到压扁的圆形面皮中，周围的面团聚集到中央。

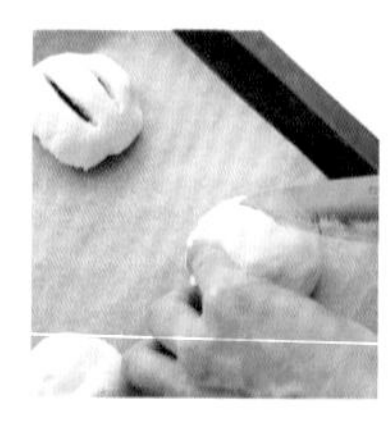

用刀纵向划出 2 条切口。深度以可看到豆馅为准，用力切开面皮。

咖啡 & 巧克力豆司康

200度
20分钟

口感略苦的咖啡面团与巧克力豆搭配。
甜中带苦的味道，男士们应该会喜爱哦。

面皮调整成正方形，再沿放射状8等分切开。

材料（8 个的用量）

低筋面粉………………150g
泡打粉…………………1 小匙（4g）
砂糖……………………30g
粗盐……………………少许
黄油（无盐）…………30g
牛奶……………………75g

速溶咖啡………………1 大匙
巧克力豆………………25g

◉准备工作

- 黄油切成 1cm 大小的块状，放到冷藏室里冷冻。
- 将咖啡倒入牛奶中，搅拌均匀（若咖啡难以溶解，可先将牛奶放到微波炉中稍稍加热）。
- 低筋面粉、泡打粉、砂糖与盐倒入碗中，混合。
- 烤箱预热至 210 度。

◉制作方法

1 黄油放到粉类中，用手指压碎，同时与粉类混合均匀。然后用双手搓揉，使面团更细腻。黄油完全熔化，呈松散状为宜。接着添加巧克力豆，搅拌均匀。

2 倒入 ⅔ 的牛奶，用大汤匙像切割面团一样混合均匀（尽量不要揉捏）。然后加入剩下的牛奶，尽量将所有面粉搅拌到面团中。面粉消失后，换做用手揉捏。

3 取出面团放到桌上，用手压平。然后用刮片（或刀）切成两半，重叠放置。如此重复 3 次。

4 将面团调整成边长 12cm 的正方形，再用刮片（或刀）将其 8 等分，切成三角形。然后放到铺好烘焙纸的烤盘里，送进 200 度的烤箱中，烘烤 20 分钟左右。

※ 请参考“基本的奶酪司康”（p.98~99）的步骤图片。

Rosehip & Hibiscus
Flowers

迷你羊角司康

200度
15分钟

先将面皮切成三角形，再一圈一圈卷起来，就是可爱的迷你羊角形状啦。
百吃不厌的美味让人欲罢不能！

◉材料（9个的用量）

低筋面粉……………………150g
泡打粉………………………1小匙（4g）
砂糖…………………………20g
粗盐…………………………1g
黄油（无盐）………………30g
牛奶…………………………70g

◉准备工作

- 黄油切成1cm大小的块状，放到冷藏室里冷冻。
- 准备一张12×25cm的参考图纸。
- 低筋面粉、泡打粉、砂糖与盐倒入碗中，混合。
- 烤箱预热至210度。

利用参考图纸，擀出平整的面皮

可将厚纸修剪成12×25cm的长方形。

按此方法切分面皮

图1

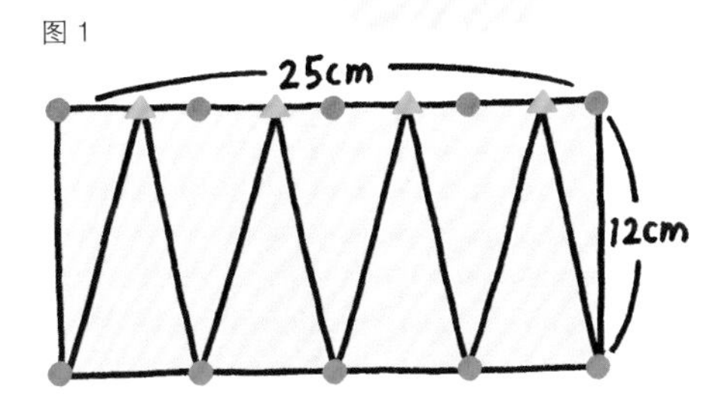

◉制作方法

1 黄油放到粉类中，用手指压碎，同时与粉类混合均匀。然后用双手搓揉，使面团更细腻。黄油完全熔化，呈松散状为宜。

2 倒入⅔的牛奶，用大汤匙像切割面团一样混合（尽量不要揉捏）。然后再加入剩下的牛奶，尽量将所有面粉搅拌到面团中。面粉消失后，换做用手揉捏。

3 取出面团放到桌上，用手压平。然后用刮片（或刀）切成两半，重叠放置。如此重复3次。

4 保鲜膜盖在参考图纸上，放上面团后再盖上一层保鲜膜，与图纸对齐后用擀面杖将面团擀成12×25cm的长方形（擀面技巧请参照p.105）。参考图1的方法，将面皮切分成9个三角形。接着一圈一圈卷成羊角形，表面用茶叶筛撒上低筋面粉（分量外）。完成后放到铺好烘焙纸的烤盘里。

5 放到200度的烤箱中烘烤15~20分钟。

※请参考“基本的奶酪司康”（p.98~99）的步骤图片。

建议撒上糖霜后再烘烤！看起来更可口美味哦。

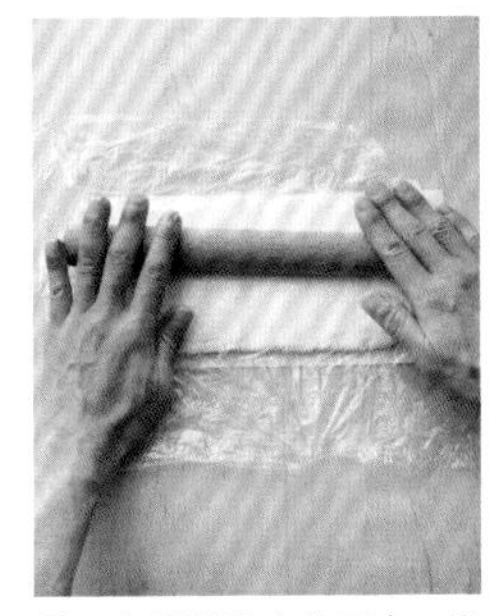

用2张保鲜膜夹住面皮，这样能保持擀面杖的干净。

按照图1的方法切开面皮。分成7个较大的等腰三角形和2个较小的三角形。

从三角形的短边开始，朝顶点方向卷起面皮。

香肠卷司康

200度
20 分钟

利用司康面皮轻松制作出人气主食面包。
香肠与面皮巧妙地融合在一起，美味倍增！

◉材料（6 个的用量）

低筋面粉…………………… 150g
泡打粉…………………… 1 小匙（4g）
砂糖…………………… 10g
粗盐…………………… 2g
黄油（无盐）…………… 30g
牛奶…………………… 70g

维也纳香肠……………… 6 根
低筋面粉（润色用）…… 适量

◉准备工作

- 黄油切成 1cm 大小的块状，放到冷藏室里冷却。
- 准备一张 18×20cm 的参考图纸。
- 低筋面粉、泡打粉、砂糖与盐倒入碗中，混合。
- 烤箱预热至 210 度。

◉制作方法

1 黄油放到粉类中，用手指压碎，同时与粉类混合均匀。然后用双手搓揉，使面团更细腻。黄油完全熔化，呈松散状为宜。

2 倒入 ⅔ 的牛奶，用大汤匙像切割面团一样混合（尽量不要揉捏）。然后再加入剩下的牛奶，尽量将所有面粉搅拌到面团中。面粉消失后，换做用手揉捏。

3 取出面团放到桌上，用手压平。然后用刮片（或刀）切成两半，重叠放置。如此重复 3 次。

4 保鲜膜盖在参考图纸上，放上面团后再盖上一层保鲜膜，与图纸对齐后用擀面杖将面团擀成 18×20cm 的长方形，再 6 等分切开。用 1 块面皮包住 1 根香肠，表面撒上低筋面粉。接缝处朝下，放到铺好烘焙纸的烤盘里，划出 3 条裂纹。

5 放到 200 度的烤箱中烘烤 20 分钟，香肠烤焦黄后温度下调至 190 度。

※ 请参考“基本的奶酪司康”（p.98~99）的步骤图片。

刀子涂上面粉，避免与面皮粘连，将面皮 6 等分切开。

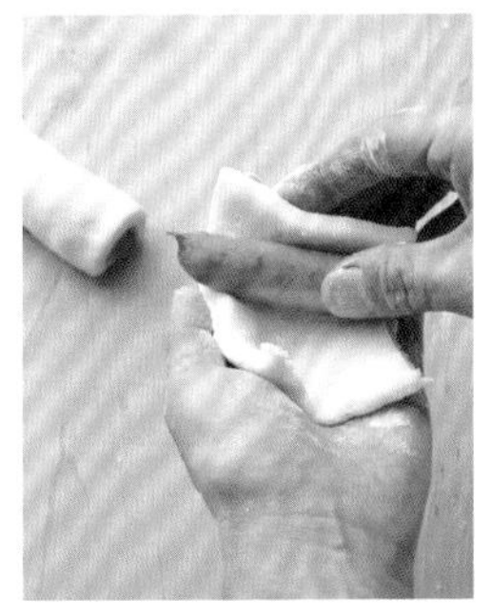

卷香肠时，将面块放在手中更容易操作。终点处未完全贴合也可以！

四边形的边角好难擀啊！

藤田老师的建议

先横向、纵向，再斜向擀平！
沿 3 个方向擀平就可以啦

首先，沿箭头❶横向擀平，再沿箭头❷纵向擀平，重复几次后面团就聚集到边角处了。最后再沿箭头❸的方向斜着擀平，漂亮的四边形就完成喽。如果仍不满意，可稍微将面皮擀得大一些，再用刀切去多余部分即可。

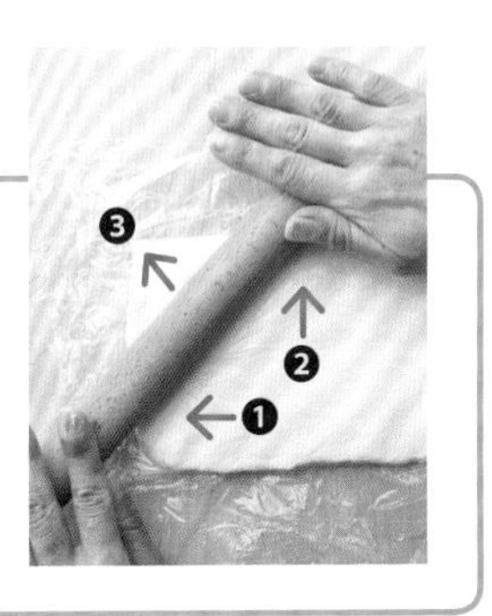

面包棍

190度 10分钟 → 180度 10分钟

焦脆的奶酪与浓郁的芝麻香味合二为一。
下酒小食的最佳选择，搭配红酒和啤酒绝对错不了！

◉材料（20~22 根的用量）

低筋面粉……………………150g
泡打粉………………………1 小匙（4g）
砂糖…………………………10g
粗盐…………………………2g
橄榄油………………………1 大匙（12g）
水……………………………70g

白芝麻………………………30g
车达奶酪……………………30g

◉准备工作

- 奶酪切成 5mm 大小的块状。
- 低筋面粉、泡打粉、砂糖与盐倒入碗中，混合。
- 烤箱预热至 200 度。

◉制作方法

1 芝麻和奶酪与粉类混合，用筷子搅匀。

2 倒入橄榄油，混合。接着倒入水，继续用筷子搅拌均匀。面粉完全融到水里后，再用手揉捏成一整块面团，接着用保鲜膜包住，放置 10 分钟左右。

3 用 2 张保鲜膜夹住面团，然后用擀面杖将面团擀成 17×25cm 的长方形。揭开上方的保鲜膜，用粘有面粉的刀将面片切成 1cm 宽的长条，依次放到铺好烘培纸的烤盘里（准备 2 个烤盘）。

4 放到 190 度的烤箱中烘烤 10 分钟后，温度下调至 180 度，再烘烤 10 分钟。完成后放到网格板上冷却。

用筷子均匀地搅拌。握住筷子的中间部分（如图），便于发力，操作起来更简单。

用保鲜膜夹住面团，避免擀面杖与面团粘连。另外还能保持擀面杖的干净，省去清洗的工作。

切好后直接放到烤盘中，方便省事。留出间隔，防止粘到一起。

如果两个烤盘无法同时烘烤，可分成两次完成。将等待烘烤的面皮置于常温下即可！

剩余面包的美味再利用

面包放到冷冻层不知不觉就被遗忘了……
教大家一些巧手妙招，让美味瞬间变回来！

P.35 的法棍

再次烘烤出酥脆的口感是关键

面包干

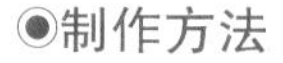

◉材料（酌情而定）

长法棍…………………………… 适量
黄油（无盐）…………………… 适量
精制白砂糖……………………… 适量

◉制作方法

1 长法棍切成 1cm 厚的薄片。
2 涂上黄油，放到 120 度的烤箱中烘烤 20 分钟。
3 从烤箱中取出后，再涂一层黄油，撒上精制白砂糖。然后再放到 120 度的烤箱中烘烤 20~30 分钟。面包呈焦黄色后温度下调至 100 度。

用汤匙均匀地将精制白砂糖撒到面包片上。

咸香的吐司最适合早餐或正餐食用

蔬菜汁法式吐司

◉材料（两人份）

切片面包… 4 片（1cm 厚）
鸡蛋……………… 1 个
蔬菜汁（含盐）… 60mL
橄榄油…………… 2~3 大匙

◉制作方法

1 鸡蛋打匀，与蔬菜汁混合后移到方盘中。摆上切片面包，放置 20 分钟以上。
2 橄榄油倒入平底锅中，开火加热。然后将 1 中的面包放入锅中，两面煎好。
3 放到盘子里，可用水芹摆盘装饰。

放置 20 分钟，让面包充分吸收蔬菜汁。

可选用市售的面包，2 片即可。

p.68 的迷你切片面包

第四章

款待亲友的首选菜肴

与面包结合的趣味料理

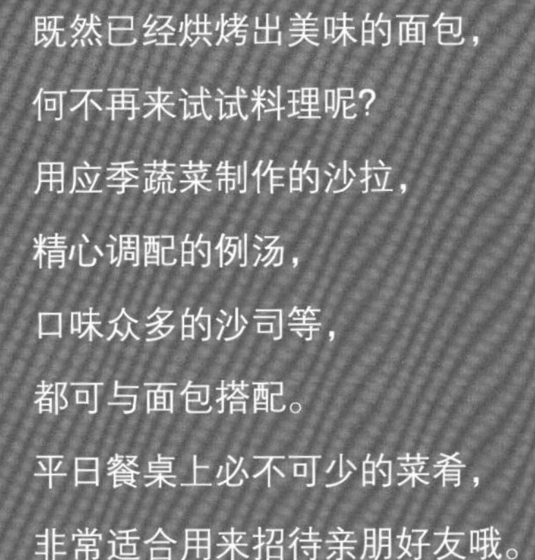

既然已经烘烤出美味的面包，

何不再来试试料理呢?

用应季蔬菜制作的沙拉，

精心调配的例汤，

口味众多的沙司等，

都可与面包搭配。

平日餐桌上必不可少的菜肴，

非常适合用来招待亲朋好友哦。

番茄章鱼烩汤

橙子橄榄泡菜

香酥鲑鱼

柠檬烤鸡

美味的面包已经出炉，和亲朋好友来一场派对吧？

熟悉面包的制作过程后，何不在亲朋好友面前大显身手呢？接下来向大家推荐几款简单方便适合招待亲朋，又可以搭配面包和酒类的菜肴。利用等待面包发酵的时间，去购买食材，即便没有下过厨房也能做出好料理。

制作方法参见下页

蒜蓉蘑菇

香酥鲑鱼

鲜嫩的鲑鱼中略微透着刺山柑的清新酸味，
再配上浓浓的酸奶沙司，招待客人的绝佳菜式。

◉材料（4人份·8块）

生鲑鱼…………………………3片
洋葱……………………………¼个
配餐面包（市售品）…………1个
刺山柑…………………………适量
粗盐、胡椒……………………各少许
小麦粉、蛋液、面包粉………各适量
色拉油…………………………适量

沙司

原味酸奶（无糖）…100g
橄榄油………………½大匙
柠檬汁………………½小匙
粗盐、胡椒…………各少许

稍后还会
用料理机处理，无需
切得太细！

◉制作方法

1 鲑鱼去皮后分成3~4份，洋葱切成2~3块。配餐面包去掉面包边，留出一半，剩余的一半放到水里，然后再挤干水分。
2 将鲑鱼、洋葱、配餐面包、盐、胡椒一起放入料理机中搅拌。与制作汉堡肉相似，搅拌出粘液后取出，加入刺山柑，混合均匀。
3 然后将其8等分，调整成小椭圆形，再依次裹上小麦粉、蛋液、面包粉，制作酥皮。
4 平底锅中倒入大量油，加热。将3放入锅中，两面翻转，煎至颜色变焦黄即可。
5 装盘，按个人喜好摆放生菜叶和柠檬瓣装饰。

柠檬烤鸡

柠檬与鲜奶油的搭配妙极了。提前一天准备好鸡肉和蔬菜，当天放到烤箱里烘烤就可以了！

◉材料（4~5人份）

鸡腿肉…………………………2块（500g）
洋葱……………………………1大个
土豆……………………………3个
Ⓐ 柠檬片……………………½个的量
　柠檬汁……………………1大匙
　蜂蜜………………………1小匙
　粗盐………………………不到1小匙
　粗碾黑胡椒………………少许
鲜奶油…………………………100mL
粗盐…………………适量
胡椒…………………少许
色拉油………………2小匙

在冷藏室放一晚会
更美味哦

◉制作方法

1 鸡肉切成适口的大小，放入碗中，再加入Ⓐ，混合。放置1小时以上。
2 将橄榄油倒入平底锅中，加热。洋葱切成薄片，放到锅里翻炒，变软后撒上盐、胡椒。
土豆切成7~8mm厚的片状，略煮一会儿。
3 将2的洋葱放入耐热容器中，再叠加土豆，撒上少许盐。然后将1摆放到最上面（柠檬也放入其中）。
4 浇上鲜奶油，放到200度的烤箱中烘烤20分钟。变色后盖上铝箔纸，再烤10分钟。

浇上鲜奶油送进烤箱即可，与奶油焗饭的味道很像哦♪

番茄章鱼烩汤

大块章鱼和蔬菜若用压力锅烹煮，短时间内就能变软，而且非常入味。

◉材料（4~5 人份）

熟章鱼…………………………约 400g
洋葱…………………………1 个
彩椒（红色、黄色）…………各 1 个
西葫芦…………………………1 根
大蒜…………………………1 瓣
番茄罐头（切块状）…………1 罐
红辣椒…………………………1 个
白葡萄酒………………………100mL
柠檬汁…………………………1 大匙
粗盐…………………………1~2 小匙
橄榄油…………………………1 大匙

◉制作方法

1 将章鱼切成 2cm 大小的块状，洋葱和大蒜切末。彩椒纵向切成 1cm 宽的粗条，西葫芦也切成 1cm 宽的粗条。

2 橄榄油和大蒜放入压力锅中，用小火加热，散发出香味后，再加入洋葱、章鱼，用中火翻炒混合。

3 接着加入白葡萄酒，煮到酒精挥发、酸味消失后，再放入番茄和红辣椒，然后加压。上气后用小火煮 15 分钟，然后关火冷却。

4 再放入彩椒和西葫芦，不用加压，煮 20 分钟。然后加入柠檬汁和盐调味。散热后放入冷藏室，冷却 30 分钟。

※ 如果没有压力锅，章鱼需要煮 1 小时才能变软（水煮干后可再添加）。40 分钟后再放入彩椒和西葫芦。

橙子橄榄泡菜

橙子与绿色的橄榄相互映衬，看起来清爽自然。方法简单、健康美味，适合派对食用。

◉材料（酌情而定）

橙子…………………………3 个
青橄榄………………………10 颗
卡门贝尔奶酪………………60g
Ⓐ橄榄油……………………1 大匙
　蜂蜜………………………1 小匙
　粗盐………………………少许

◉制作方法

1 将Ⓐ倒入碗中，混合均匀。

2 橙子去皮，从薄膜中取出果肉，添加到 1 中。接着放入青橄榄，混合。然后在冷藏室中放置 30 分钟。

3 装碗，将奶酪切成适口大小，加入其中。可撒上少许黑胡椒。

蒜蓉蘑菇

蘑菇和橄榄油的搭配堪称绝品。一定要试试用面包蘸食的美味。

◉材料（酌情而定）

鲜冬菇………12 个
大蒜…………½ 瓣
红辣椒………1 个
橄榄油………5~6 大匙
白葡萄酒……1 大匙
柠檬汁………2 小匙
粗盐…………少许

◉制作方法

1 稍稍切短蘑菇柄，然后从中间纵向切开蘑菇。大蒜切成碎末，从中间切开红辣椒，去掉辣椒籽。

2 将橄榄油、大蒜、红辣椒倒入小锅或平底锅中，用小火加热翻炒。香味溢出后再放入蘑菇。蘑菇变软、变色后加入白葡萄酒（小心油溅出来）。

3 关火后加入柠檬汁和盐，除红辣椒外连同橄榄油一同移到碗中。可以撒上少许荷兰芹碎末。

沙司

用蔬菜、奶酪等材料制作出的美味沙司，适合喜爱面包的孩子们。甜味、咸味，准备好多种口味，家宴时绝对受欢迎！

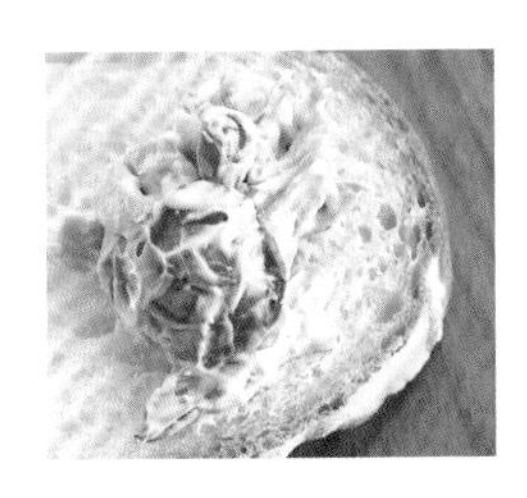

蘑菇沙司

炒过的蘑菇适合搭配味道醇厚的酸奶油，再加入少许蒜末就更好了。

◉**材料**（酌情而定）

口蘑、灰树花…………………… 各½袋
大蒜………………………………少许
酸奶油……………………………各少许
橄榄油……………………………1大匙

◉**制作方法**

1 蘑菇切成1cm长的细丝，大蒜切成碎末。
2 橄榄油倒入锅中，加热后放入1翻炒。然后再撒上盐、胡椒，关火冷却。
3 与酸奶油混合。

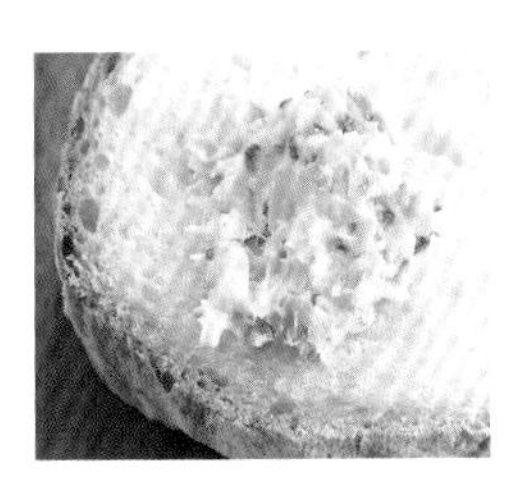

火腿沙司

推荐用做三明治沙司！若想口感更加细腻顺滑，可利用料理机搅拌。

◉**材料**（酌情而定）

火腿……………………………… 50g
奶油奶酪………………………… 100g
荷兰芹…………………………… 适量

◉**制作方法**

火腿和荷兰芹切成碎末，奶油奶酪放在室温下变软后，加入其中，搅拌均匀。

西蓝花沙司

酸奶油、芥末、酱油的组合超赞！
口中留下的西蓝花余味才是重点哦。

◉**材料**（酌情而定）

西蓝花…………………………… ½个
酸奶油…………………………… 100g
粗盐……………………………… 适量
青芥末、酱油…………………… 各少许

◉**制作方法**

1 西蓝花分成小朵，放入盐水中焯一下。冷却后剁碎。
2 将1与酸奶油混合，尝一下味道如何，再加入芥末、盐、酱油调味。

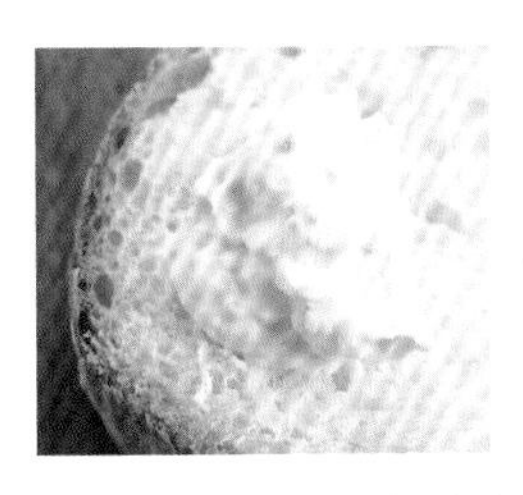

柚子胡椒沙司

在香浓的无水酸奶中加入柚子胡椒，就制成了味道略刺激的美味沙司。搭配面包和蔬菜都可以！

◉**材料**（酌情而定）

柚子胡椒………………………… 1小匙
原味酸奶（无糖）……………… 300g
酱油……………………………… 少许

◉**制作方法**

1 滤网放到小碗上，铺上厨房用纸，再倒入酸奶，放置5小时以上，沥干水分。
2 加入柚子胡椒，尝一下味道如何，再用酱油调味。

牛油果沙司

牛油果的口感浓厚绵密，搭配柠檬的酸味，清淡而不油腻。涂在面包片上，满满的幸福感。

◉材料（酌情而定）

牛油果…………………………1.5个

Ⓐ 橄榄油……………………1大匙
柠檬汁……………………1小匙
蒜泥………………………少许
粗盐、胡椒………………各少许

◉制作方法

牛油果从中间切开，去核，再用汤匙取出果肉。与Ⓐ混合后放入料理机中搅拌。

金枪鱼慕斯

鲜奶油让金枪鱼的肉质更加细腻。松软的口感，好吃到停不下来！

◉材料（酌情而定）

金枪鱼罐头……………………1小罐（80g）
洋葱……………………………¼个
切片面包（市售品）…………½片
牛奶……………………………80mL
鲜奶油…………………………4大匙
明胶粉…………………………2g
柠檬汁…………………………1大匙

◉制作方法

1 金枪鱼滤油后，捣碎；洋葱切成碎末；面包去掉面包边。明胶粉中加入2小匙水，浸泡。鲜奶油打至七分发※。
2 切片面包、牛奶倒入锅中，用小火加热。用叉子搅拌，面包变粘糊后，再放入洋葱、明胶混合。然后加入金枪鱼、柠檬汁，再按个人喜好添加少许续随子，混合均匀。散热后再加入鲜奶油，搅拌。
3 倒入容器中，放到冷藏室冷却凝固。最后盛到餐具中，散上碎块黄瓜。

※七分发指的是，往上提拉打蛋器时，奶油呈黏糊状掉落的状态。

豆面白芝麻沙司

豆面与芝麻的香味相互融合，独特的甜味沙司。简单的混合创造出意外的美味。

◉**材料**（酌情而定）

豆面………………………………… 2 大匙（10g）
白芝麻粉…………………………… ½ 大匙
马斯卡彭奶酪…………………… 100g
蜂蜜………………………………… 2 小匙（10g）
粗盐………………………………… 少许

◉**制作方法**

所有材料混合，搅拌均匀。

彩椒慕斯

不含水分，浓缩纯味，如水果般甘甜的慕斯。来一起品味甜点的感觉吧。

◉**材料**（酌情而定）

彩椒（黄色）…………………… 3 个
酸奶油…………………………… 100g
粗盐……………………………… 少许

◉**制作方法**

1 彩椒从中间纵向切开，取出瓤和籽，分别用保鲜膜包好。每半份彩椒放入微波炉中加热 3 分钟。在保鲜膜包裹的状态下冷却后再去皮，放入料理机中搅拌。
2 将搅拌好的彩椒泥盛到扁平的盘子里，放到微波炉中加热 5 分钟，无需盖保鲜膜。取出后搅拌均匀，再用微波炉加热 5 分钟。如此重复 5~6 次，直至彩椒变成糊状。
3 冷却后与酸奶油混合，再放到料理机中搅拌，之后加入适量盐调味。

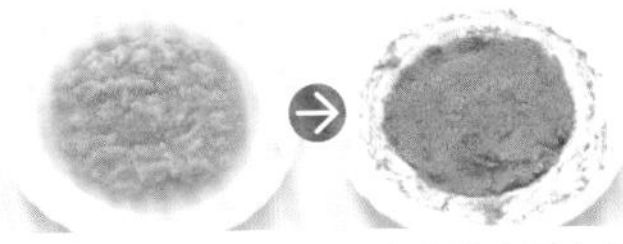

将彩椒泥放到利于析出水分的扁平盘子里加热。汤汁的味道也不错，无需滤去。加热后，彩椒泥的份量会减至一半以下。

沙拉

用应季蔬菜制作的大份沙拉，搭配面包就是完美的午餐。手作的调味汁与面包味道相宜，用面包沾取盘底剩余的调味汁，体味最后一秒的满足。

炸鸡柳沙拉
搭配橙子调味汁

以香酥鸡柳为主的美味沙拉。
非常适合搭配橙子与杏仁风味的新口味沙拉酱。

◉材料（3~4 人份）

鸡腿肉	1 块
生菜	½ 个
菊苣（可选）	½ 个
嫩叶蔬菜	1 袋
粗盐、胡椒	各少许
色拉油	1.5 大匙

调味汁

杏仁	20g
色拉油	2 大匙
橙子皮	½ 个的量
橙子汁	50mL
粗盐	⅔ 小匙

◉制作方法

1 在鸡腿肉最厚的部位下刀，将其分解成均一厚度，撒上盐和胡椒。色拉油倒入厚平底锅中，开火加热。鸡肉带有鸡皮的一面朝下，放入锅中，大火煎炸至鸡皮变酥脆。此过程中需要用锅铲压住整块鸡肉。煎至 7~8 分熟时翻面，煎炸另一面。鸡肉变焦黄时调至小火。

2 生菜撕成小片，菊苣切成适口的大小。嫩叶蔬菜浸入冷水中洗净，然后用厨房纸吸干水分。

3 制作调味汁。取 2~3 颗杏仁，切碎；用擦皮器将橙子皮擦成碎屑；榨出橙子汁（约 1 个橙子的量）。

4 杏仁、色拉油倒入平底锅中，开小火加热，杏仁变色散发香味后关火。冷却之后移到小容器中，再添加橙子皮、橙子汁、食盐。

5 将 **1** 中煎好的鸡腿肉切开，与 **2** 一起倒入沙拉碗中，再浇上 **4** 中的调味汁即可。

鸡肉无法煎得又香又脆

藤田老师的建议

鸡皮朝下放入锅中，压住整块鸡肉煎炸

鸡皮富含脂肪，煎炸时让其与平底锅充分接触，这一点非常重要。长时间用手压着比较吃力，可以在鸡肉的上面铺一层烘焙纸，再放上小锅之类的重物压住。

趁油还未热时放入杏仁，慢慢用小火加热。杏仁散发出香味时取出，此时的杏仁更加香脆可口。

待杏仁和色拉油冷却后再加入榨好的橙子汁，更好地保持橙子的风味。橙子的酸味与杏仁的香脆结合，味道醇和弥久。

白菜培根凯撒沙拉

用鲜嫩白菜制作的爽口健康沙拉。
浇上热的橄榄油，令绵软的部分美味倍增！

◉材料（酌情而定）

白菜……………………………… 1/6 颗
豆苗……………………………… ½ 袋
培根……………………………… 3 片
柠檬汁…………………………… 1 大匙
帕马森干酪粉…………………… 适量
粗盐……………………………… 适量
橄榄油…………………………… 1 大匙

◉制作方法

1 白菜的茎和叶分开。叶片切成 4cm 的大块，浸到冷水中洗净。茎切成 4cm 的长段，沿纤维切成适口的大小，撒上少许盐。除去豆苗的根部，浸入冷水中。

2 充分沥干 **1** 的水分，放到盘子里。

3 培根切成宽 5mm 的小段。橄榄油倒入平底锅中，开火加热后将培根倒入锅中，翻炒至焦脆状。然后趁热连油浇到 **2** 上。

4 再撒上干酪粉，添加柠檬汁、少许盐，混合均匀后即可食用。

白菜的菜叶浸入冷水后口感清脆，用盐腌过的菜茎口感绵软，两者搭配回味无穷哦。

什锦蔬菜拌沙拉

香煎蔬菜搭配特制调味汁，可以提前烹调好的沙拉。用平底锅煎炒蔬菜也可。

◉材料（3~4 人份）

茄子……………………1 个
彩椒（红、黄）………各 ½ 个
莲藕……………………½ 小段
西葫芦…………………½ 根
南瓜……………………4 片（1cm 厚）
番茄……………………1 个

调味汁

米醋（或者醋）………1 大匙
橄榄油…………………2 大匙
颗粒芥末酱……………1 小匙
粗盐……………………½ 小匙

◉制作方法

1 将制作调味汁的所有材料混合，搅拌均匀。

2 茄子纵向 8 等分切开。菜椒切成适口的大小，莲藕切成 2cm 长的棒状。西葫芦切成 4cm 长的块状，再纵向切成 1cm 厚的片状。番茄则切成 1.5cm 大小的块状。

3 除番茄以外，其他蔬菜用煎锅或平底锅两面煎熟（如果使用平底锅需放入 1 大匙分量外的橄榄油，然后开火加热）。取出后趁热浇上少许 **1** 的调味汁，预先调味。

4 将 **3** 的蔬菜盛到盘子中，撒上番茄，再浇上剩余的调味汁，放置 30 分钟入味。

煎炒过的蔬菜趁热浇上调味汁，更容易入味，美味加倍。

半熟鲑鱼沙拉

色彩缤纷的沙拉，最适合用来招待亲朋好友。新鲜的香草叶可随个人的喜好添加，不过与鲑鱼绝配的茴香千万不能忘哦！

◉材料（3~4 人份）

生鲑鱼（刺身用）………1 块
生菜…………………………½ 个
扁豆…………………………10~12 个
红洋葱（或洋葱）………¼ 个
牛油果………………………1 个
溏心蛋………………………3 个
粗盐…………………………适量
橄榄油………………………1 大匙

香草叶调味汁

新鲜香草叶碎末（意大利香芹、茴香等）……………适量
柠檬汁………………………1 大匙
蜂蜜…………………………1 小匙
粗盐…………………………½ 小匙
橄榄油………………………2 大匙

◉制作方法

1 橄榄油倒入平底锅中，开火加热。鲑鱼去水放到锅里，用大火煎炸表面。整体变色后放到冰水中，然后放到厨房用纸上，吸干水分，再切成适口的大小。

2 生菜撕成小片，浸入冷水中洗净，再沥干水分。洋葱切成薄片，浸泡在水中。扁豆用盐水煮一会儿，然后斜着从中间切两半。牛油果从中间切开，取出核，去皮后切成 1.5cm 大小的块状。溏心蛋从中间切开。

3 先将除香草叶以外的调味料混合搅拌均匀，最后再添加香草叶。

4 将 **1**、**2** 盛到盘子里，再浇上 **3**。或是撒上茴香碎末。

鲑鱼煎至表面焦脆后迅速冷却，就会变得外焦内嫩。

莳萝头土豆沙拉

嚼起来会咔嚓咔嚓响的酸甜莳头，意外地与细腻土豆泥是绝配。让人上瘾的味道哦！

◉材料（酌情而定）

土豆…………………………… 3个
酸甜的醋渍莳头……………… 4~5个
莳头腌渍汁…………………… 2~3大匙
粗盐…………………………… 适量
蛋黄酱………………………… 3~4大匙
茴香…………………………… 适量

◉制作方法

1 土豆切成适口的大小，放入水中煮熟。煮至牙签可穿透的程度即可，沥干汤汁，撒上少许盐后压碎。
2 莳头沿纵向切成薄片，与1混合。莳头腌渍汁也加入其中，混合。
3 再加入蛋黄酱和少许盐调味，茴香撕碎后放到碗中。

水芹茼蒿沙拉

水芹和茼蒿与简单的调味汁组合，香味宜人的沙拉。

◉材料（酌情而定）

水芹…………………………… 1束
茼蒿…………………………… 1小束
核桃…………………………… 20g
面包干………………………… 适量

调味汁

米醋…………………………… 1.5大匙
白芝麻油（或者芝麻油）…… 3大匙
粗盐…………………………… ½小匙
酱油…………………………… ½小匙
蜂蜜…………………………… 少许

◉制作方法

1 水芹与茼蒿撕成小片，浸入冷水中洗净，再沥干水。将制作调味汁的所有材料混合。
2 水芹与茼蒿盛到盘子里，再撒上核桃、面包干，浇上调味汁。

汤

下面为大家介绍几款与面包搭配的美味蔬菜汤。可口的面包与温暖的鲜汤，让内心与味蕾得到极大的满足♪

卷心菜香肠牛奶咖喱汤

西班牙风味的奶油汤里含有大量卷心菜，香甜可口。
葡萄干面包与咖喱搭配出绝妙的味道，试试看吧。

◉材料（4~5 人份）

卷心菜………………………… ⅓ 个
洋葱……………………………… 1 个
维也纳香肠…………………… 8 个
蒜………………………………… 1 瓣
茴香籽………………………… ½ 小匙
小麦粉………………………… 1 大匙
咖喱粉………………………… 2 小匙
牛奶…………………………… 250mL
粗盐、胡椒…………………… 各少许
橄榄油………………………… 1 大匙
香芹碎末……………………… 少许

◉制作方法

1 卷心菜切成大片，洋葱纵向分半切开，再切成薄片。香肠斜着从中间切开，再将大蒜切成碎末。

2 将橄榄油、茴香籽、大蒜倒入锅中，开小火加热。散发出香味后再加入洋葱翻炒，洋葱变软后，撒上小麦粉和咖喱粉，炒匀。慢慢倒入 500mL 水，同时搅拌均匀。然后再加入卷心菜，煮沸后调至小火，煮 20 分钟。

3 加入牛奶和香肠，再煮 10 分钟左右，试尝一下味道后添加盐、胡椒调味。盛到碗中，散上香芹。

初学者求助

倒入牛奶煮沸后，出现了白沫！

藤田老师的建议

牛奶发生分离反应的原因

用牛奶和鲜奶油等乳制品制作料理时会产生分离反应。尤其是用大火煮沸后，牛奶中富含的蛋白质会凝固起来。所以添加牛奶后，需保持小火加热，就不容易发生分离反应。

橄榄油冷却后，加入茴香籽和蒜蓉，用小火翻炒，慢慢散发出香味。

一开始就加入香肠的话容易串味，最后添加稍微煮一下即可。

鸡肉番茄汤

蔬菜与鸡翅中熬出来的美味。
鲜嫩多汁的肉质，令人回味无穷，一碗热汤带来的幸福与满足！

◉材料（4~5 人份）

鸡翅中…………………… 10~12 根
洋葱……………………… 1 个
番茄……………………… 3 个
土豆……………………… 1 个
扁豆……………………… 10~12 个
柠檬汁…………………… 2 小匙
粗盐……………………… 多于 2 小匙
橄榄油…………………… 1 大匙

◉制作方法

1 鸡翅中快煮一下，沥干水分洗净。洋葱纵向从中间切开后再切成薄片，番茄切成 2~3cm 大小的块状。土豆则切成 2cm 大小的块状，扁豆斜着从中间切开。
2 橄榄油倒入锅中，加热后倒入洋葱翻炒。然后放入翅中继续翻炒，析出油后加入番茄和 800mL 水，煮 25 分钟。再放入土豆和扁豆，继续煮 15 分钟。
3 所有配料煮透后，加入盐和柠檬汁调味。

翅中稍微煮一下，去除腥味和泡沫后，才能烹调出珍味靓汤。

去腥之后，更有与众不同的鲜美哦！

白菜浓汤

经过长时间熬制，白菜的甘甜味都融入浓汤中。
隐隐的小茴香味萦绕于唇齿之间。

◉材料（5~6 人份）

白菜……… ¼ 颗（700~800g）
洋葱……………………… ½ 个
培根（块）…………… 适量
牛奶……………………… 100mL
茴香籽…………………… ½ 小匙
粗盐、粗碾黑胡椒…… 各少许
橄榄油…………………… 1 大匙

◉制作方法

1 白菜切成 4~5cm 的大块，茎与叶分开。洋葱切成薄片。培根切成 7~8mm 的小块，无需放油，倒入平底锅中翻炒，之后放到厨房用纸上吸掉多余的油脂。

2 橄榄油与茴香籽倒入锅中，用小火加热，散发出香味后调至大火，翻炒洋葱。洋葱变软后再依次加入白菜茎、叶，翻炒均匀。然后加入 200mL 水，盖上锅盖，用小火熬煮 30~40 分钟。

3 白菜完全变软后再倒入搅拌机或者料理机中，搅成细滑状。然后倒入锅中，加入牛奶用小火加热，再添加盐调味。

4 盛到碗里，放上培根，再撒少许胡椒。

※ 可以用茴香粉代替茴香籽。最后加盐调味时可同时放入茴香粉。

蛤蜊生菜浓汤

汤汁基本都是蔬菜和蛤蜊所含的水分，浓缩的鲜香味。
为了保持生菜的甜脆口感，煮的时间不要过长。

◉材料（3~4 人份）

蛤蜊（清除沙子）… 250g
球生菜………………… ½ 个
洋葱…………………… 1 个
小番茄………………… 8~10 个
培根（块）………… 50~60g
蒜……………………… 1 瓣
白葡萄酒…………… 50mL
粗盐…………………… 适量
粗碾黑胡椒………… 适量
橄榄油………………… 1 大匙

◉制作方法

1 蛤蜊连壳洗刷干净。
2 洋葱纵向分半切开后再切成薄片。球生菜撕成 3~4 大块，去掉小番茄的蒂，大蒜切成薄片，培根切成 7~8mm 大小的块状。
3 将橄榄油、大蒜、培根放入锅中，开小火加热。大蒜散发出香味后调至中火，放洋葱翻炒，然后再加入蛤蜊和白葡萄酒。
4 盖上锅盖，用大火熬煮，蛤蜊张开后先取出来。接着放入小番茄、圆生菜和少许盐，然后盖上锅盖再用大火煮 3~4 分钟。
5 重新放入蛤蜊，搅拌均匀后放入盐调味。最后盛到碗中，撒上胡椒。

什锦豆蔬汤

蔬菜与豆子煲出的健康清淡靓汤。早餐喝一碗，精神一整天♪

◉材料（3~4 人份）

培根………………………………3 片
洋葱………………………………½ 个
芹菜………………………………⅓ 根
胡萝卜……………………………½ 根
彩椒（黄色或者红色）………1 个
番茄………………………………1 个
蒜…………………………………½ 瓣
什锦豆类罐头…………………1 小罐（120g）
粗盐………………………………⅔~1 小匙
胡椒………………………………少许
橄榄油……………………………1.5 大匙

◉制作方法

1 培根切成 5mm 宽的小段，大蒜切成碎末。其他蔬菜均切成 1.5cm 大小的块状。
2 橄榄油、胡萝卜放入锅中，开小火加热。散发出香味后再加入培根翻炒。将除番茄以外的其他蔬菜放入锅中，用中火炒匀。所有食材变软后加入 600mL 水，再放番茄、什锦豆，调至大火加热。
3 煮沸除去泡沫后调至小火，再煮 15~20 分钟，至蔬菜透心变软。最后加入盐、胡椒调味。

蘑菇山药培根浓汤

味道鲜美的蘑菇和培根组合，无需高汤也能熬出浓郁的汤汁。

◉材料（4~5 人份）

蟹味菇……………………………1 袋
杏鲍菇……………………………1 袋
山药………………………………6cm
洋葱………………………………½ 个
培根………………………………3 片
柠檬汁……………………………2 小匙
粗盐………………………………多于 2 小匙
粗碾黑胡椒………………………少许
橄榄油……………………………1 大匙

◉制作方法

1 蟹味菇分成小朵。杏鲍菇纵向分半切开，再切成 1cm 厚的片状。山药切成条状，洋葱切成薄片。培根切成 7~8mm 宽的小段。
2 橄榄油倒入锅中加热后放入培根翻炒，析出油后再倒入洋葱继续炒匀。然后放蘑菇，搅拌均匀。倒入 800mL 水后调至大火，煮沸后去除泡沫，调至小火煮 15 分钟。
3 放入山药再煮 10 分钟，然后用柠檬汁和盐调味。最后盛入盘子中，撒上胡椒。

果酱 & 面包酱

让面包味道与众不同的手工果酱和面包酱。虽然略花时间，但美味令人无法忘怀！而且便于保存，有时间就试试看吧。

花生酱

甜度适中的花生酱，香味醇厚、口感绵密，好吃到停不下来！

◉材料（少于 200mL）

花生…………………………… 100g（生、带薄皮）
蜂蜜…………………………… 25g
色拉油………………………… 少许
盐……………………………… 少许

◉制作方法

1 将带皮的花生放到 150 度的微波炉中烘烤 10 分钟左右（或者放入平底锅中用小火翻炒）。

2 带皮一起放入料理机中，搅拌成细腻的碎末状。接着加入剩余的材料再次搅拌。

※ 用黄油花生制作时，可省去烘烤工序，搅拌时无需加盐。

柠檬酱

柠檬的酸味与黄油完美混合。
女孩们最爱的面包酱。

◉材料（160~170mL）

柠檬皮………… ½ 个的量
柠檬汁…………… 50mL
鸡蛋……………… 1 个
精制白砂糖……… 60g
黄油（无盐）…… 50g

◉制作方法

1 柠檬皮擦成碎末，挤出果汁（约 2 个柠檬的分量）。再将黄油 4~5 等分。

2 鸡蛋、精制白砂糖、柠檬汁倒入碗中，用打蛋器搅拌均匀，沥干水分移到锅里。

3 开小火加热，用打蛋器搅拌的同时加入 1 块黄油，熔化后再加入下一块。所有黄油放入其中，呈糊状后关火，再加入柠檬皮。最后趁热移到容器中保存。

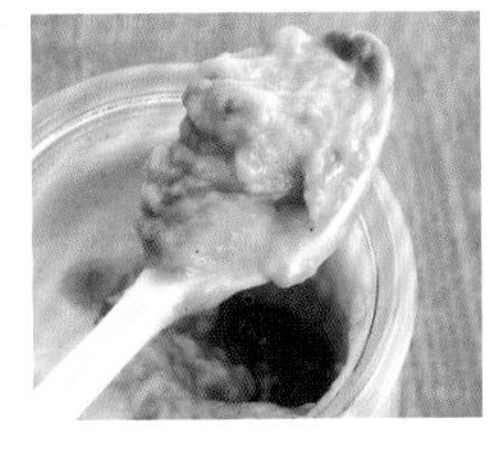

布丁酱

黏稠的糊状面包酱，口感稍苦，
焦糖的味道会让人上瘾哦。

◉材料（约 200mL）

牛奶…………………… 500mL
鲜奶油………………… 100mL
砂糖…………………… 100g
香草荚………………… ⅓~½ 根
蛋黄…………………… 1 个的量

焦糖

砂糖…………………… 30g
水……………………… 1 小匙 +1 大匙

◉制作方法

1 制作焦糖。将砂糖和 1 小匙水放入小锅中，开火加热。颜色变成焦茶色后再加入 1 大匙水（注意别烫到），晃动小锅。焦糖趁热移到容器中保存。

2 香草荚纵向从中间切开，取出香草籽后再与豆荚一起放入锅中。然后将蛋黄以外的材料放入其中，用打蛋器不时搅拌一下，直至呈糊状。接着调至小火，慢慢熬煮（1 小时 ~1.5 小时）。

3 用橡胶刮刀搅拌，当布丁糊慢慢变硬，能看见锅底时就可以关火，然后加入蛋黄混合。接着再次开小火，搅拌的同时加热 30 秒。最后趁热移至 **1** 中。

黄油

既然手工制作了可口的面包，何不试试特制的黄油。味道独特且制作方法简单的黄油食谱大公开！原味面包配上厚厚的黄油，一定要尝尝看！

蒜蓉黄油

面包涂上黄油后再烘烤，溢出浓浓的蒜香味。

◉材料（酌情而定）

黄油（含盐）………… 30g
蒜蓉…………………… 微量
粗碾黑胡椒…………… 少许

◉制作方法

黄油置于室温下软化后与蒜蓉混合均匀。

香草黄油

试试不同的香草叶，看看味道如何吧。

◉材料（酌情而定）

黄油（含盐）…………… 30g
喜欢的香草叶（切碎）… 2~3 大匙

◉制作方法

黄油置于室温下软化后与香菜叶混合均匀。

※ 推荐细叶芹、意大利香芹、细香葱、小茴香等。可用一种香草叶，也可以多种混合。

蜂蜜黄油

柠檬的香味清新怡人。

◉材料（酌情而定）

黄油（无盐）………… 30g
蜂蜜…………………… 10g
柠檬皮碎末…………… 适量

◉制作方法

黄油置于室温下软化后与蜂蜜和柠檬皮混合均匀。

葡萄干肉桂黄油

散发阵阵的朗姆酒醇香。

◉材料（酌情而定）

黄油（无盐）………… 30g

葡萄干………………… 25g

蜂蜜…………………… 1 小匙

Ⓐ 肉桂粉 …………… ½ 小匙

朗姆酒 …………… ½ 小匙

◉制作方法

1 葡萄干放入容器中，先倒入热水，沥干水分。再倒入热水，浸泡 5~6 分钟使其变软，沥干水分，与Ⓐ混合。

2 黄油放置于室温下软化后，加入 1 和蜂蜜混合均匀。

芝麻黄油

芝麻的香味让人回味无穷。

◉材料（酌情而定）

黄油（无盐）……30g

黑芝麻粉……1 小匙

蜂蜜……1 小匙

◉制作方法

黄油置于室温下软化后与芝麻和蜂蜜混合均匀。

凤尾鱼黄油

涂在面包上就是简单的小零食。

◉材料（酌情而定）

黄油（含盐）………… 30g

凤尾鱼肉末…………… ⅓ 小匙

◉制作方法

黄油置于室温下软化后与凤尾鱼肉末混合均匀。

专栏

\美味不减/

保存面包的小窍门

烤好面包当天食用最佳，而没吃完剩下的面包就需要冷冻保存。即便是第二天食用，也建议冷冻起来，且保质期可维持在两周左右。若将面包冷藏保存，反而有损其美味，不可行！

冷冻保存的方法

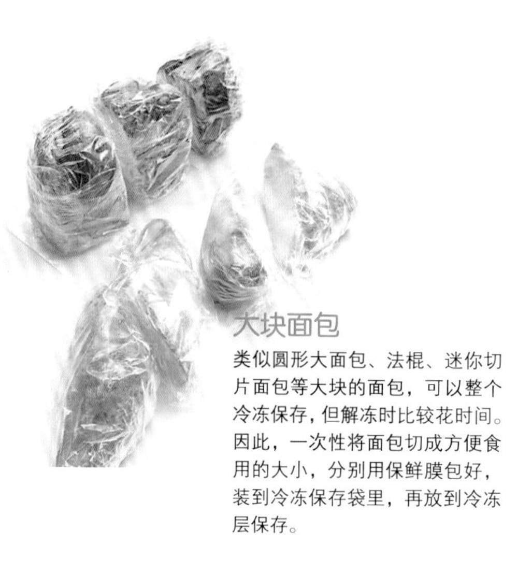

大块面包

类似圆形大面包、法棍、迷你切片面包等大块的面包，可以整个冷冻保存，但解冻时比较花时间。因此，一次性将面包切成方便食用的大小，分别用保鲜膜包好，装到冷冻保存袋里，再放到冷冻层保存。

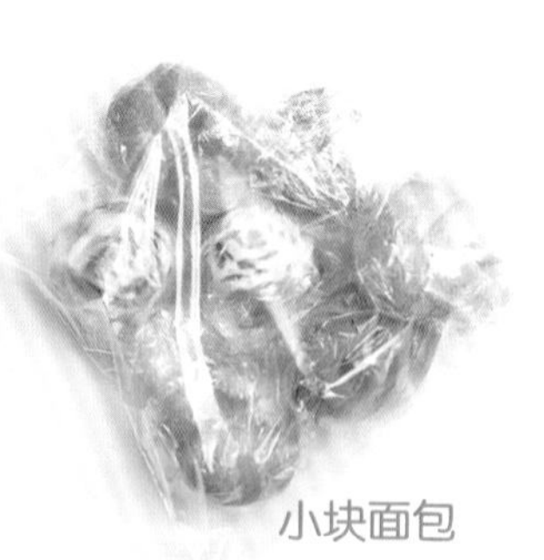

小块面包

四份一组的小餐包和迷你法棍等，分别用保鲜膜封好，装到冷冻保存袋里，再冷冻保存。用保鲜膜分别包装是保存美味的基本方法。

冷冻面包的食用方法

用面包机重新加热

面包切成厚 1~2cm 的薄片，保持冷冻状态放到面包机中烘烤即可。小餐包和迷你法棍等虽然小却偏厚的面包，先在室温下自然解冻后再用面包机加热。

自然解冻

在室温下自然解冻，面包不会松碎，美味依旧。圆包和法棍需要 20 分钟左右，要提前从冷冻层取出来哦。

没有时间等待自然解冻时

连同保鲜膜一起放入微波炉中，加热 10~15 秒，解冻 6~7 成后再用锡箔纸包好，放入面包机中烘烤。变热后撕去锡箔纸，使表面烘烤香脆。

※ 用微波炉加热的时间因面包的大小而异，可酌情而定调整时间。

原来还有这样的小窍门，试试看吧～

第五章

动手前先检查！

面包制作的基本材料 & 工具

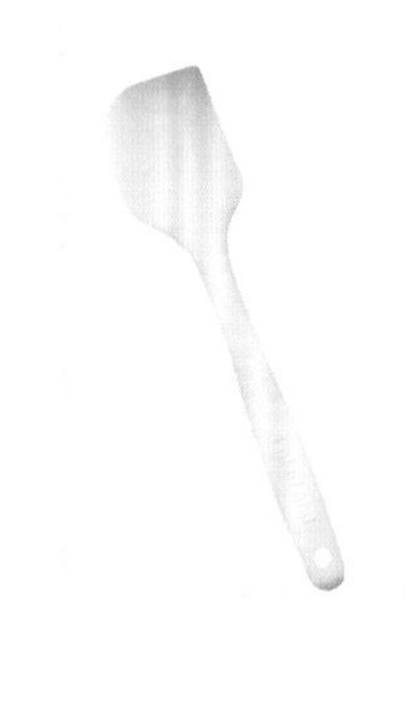

本章为大家介绍面包制作
所需的材料和工具等。
动手前先检查一下，
好让采购和制作过程都能顺利进行。
另外，实际制作面包的过程中，
若感到束手无策、疑问和不安，
可参照最后的“问与答”。

制作面包的材料

接下来向大家介绍本书中制作面包所用的基本材料。可适当选择替换部分粉类，也可添加食材，尝试改良多种口味。

粉类

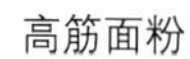

高筋面粉

小麦粉基本上可以分成三类（低筋面粉、中筋面粉、高筋面粉），而只有高筋面粉适合用于制作面包。高筋面粉中所含的蛋白质成份最多，加水混合后即会产生富有粘性的面筋，并在酵母的作用下，使面团膨胀。

※ 使用其他面粉时，所用水量多少会有变化，可酌情而定调整。

本书所用

日清 Camelia
高筋小麦粉

低筋面粉

主要用于制作快手面包，无需等待发酵。与高筋面粉相比，所含的蛋白质成份较少，粉末更细腻。制作免揉面包时，与高筋面粉混合，使面包的口感更绵软、膨松。

全麦粉

未经过精加工的小麦，连同皮和胚芽磨成的面粉。富含维他命、矿物质和身体所需的氨基酸、食物纤维。具有小麦独有的香味，味道微甜。

酵母

免揉面包

速溶干酵母

在酵母的作用下，经过发酵后面团变得膨松十足。本书中提到的“干酵母”均是指速溶干酵母。颗粒状结构使用方便，直接与面粉和水混合即可。开封后需冷藏保存，若长期不使用则需要冷冻保存。

泡打粉

快手面包

制作面包和烘焙点心时使用，以小苏打为原料的膨松剂。与面团混合，无需经过酵母般长时间的发酵过程，可让面团短时间内变得膨松。另外还有不含铝的泡打粉。

砂糖

绵白糖

本书中所有标记为砂糖的地方均使用绵白糖。绵白糖具有味道纯净的特点。除了能增加面包的甜味外，还有助于发酵、烘烤时着色。另外，还有防止面团变硬的作用。

精制白砂糖

其特点是大粒结晶、具有透明感。多用于撒在香瓜面包（p.64）表面，起到润色点缀的作用。

黑糖

并非采用甘蔗榨汁工艺精制而成，而是经过煮熬后凝固而成的黑褐色砂糖。含有维他命和矿物质，味道香醇。与绵白糖不同，完成呈现另一种风味。

盐

粗盐

也称为天然盐。细腻温润、富含矿物质，推荐用其制作面包。如若过量不仅会影响到面包的味道，还会阻碍发酵，添加前务必精确计量。

油脂类

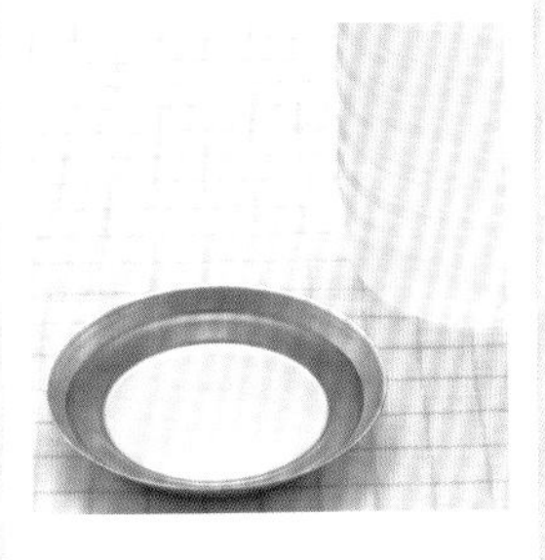

色拉油

作用在于提高面团的延展性，烘烤后更加膨松。色拉油是用植物的种子和果实炼制而成，味道清香，无异味，使用方便。

橄榄油

用油橄榄果实榨取而成，风味独特，添加到面团中，让面包回味无穷。另外，可涂在面包表面涂一层橄榄油，烘烤后口感更香脆。

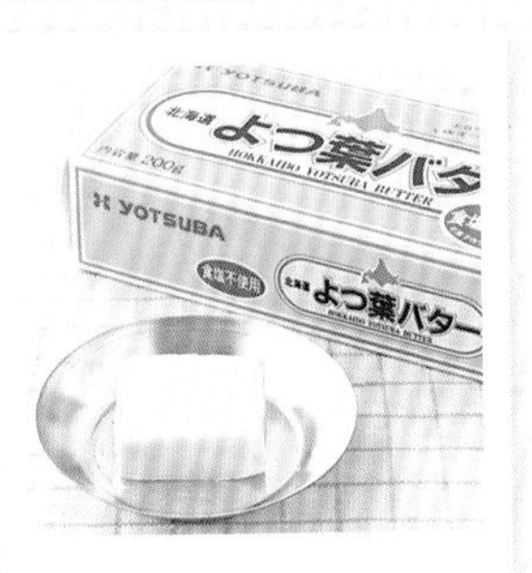

黄油

黄油只在制作玛芬和司康时使用

本书中使用的均是无盐黄油。黄油能让面团的味道和香醇程度加倍。熔化的黄油与面团混合，口感更为绵密；而冷黄油直接与面团混合，口感则相对清脆。不同的混合方法带来微妙的变化。

鸡蛋

鸡蛋

制作免揉面包时，烘烤前在面团表面涂一层蛋液，使面包富有光泽。蛋清还具有粘合装饰配料的作用。而在制作快手面包时，鸡蛋能让面团更劲道和柔软。

乳制品

牛奶

主要用于制作快手面包。在面团中加入牛奶后，食感细腻松软。另外，牛奶中含有糖分，烘烤出来的面包着色均匀漂亮。

鲜奶油

与牛奶相比，脂肪含量更高，添加过奶油的面团，散发着牛奶般的清香，适口性出色。烘烤时很容易变色过度，这点需要注意。

干果类

葡萄干

葡萄干用热水浸泡变软后使用。另外，若葡萄干露在面团表面，烘烤时容易烤焦，成形时要注意调整。

无花果干

浓郁的甜味与无花果籽的颗粒感是无花果固有的特色。经过热水浸泡变软后可以切碎使用。大概需要20分钟才能将无花果浸泡变软。

柠檬皮

特点是味道微苦，酸甜可口。柠檬皮用糖汁煮过后干燥，再散上精制白砂糖。可切碎后加入面团中使用。

西梅

选用无核西梅，省掉去核的工序，使用时更方便。与葡萄干一样，用热水浸泡变软后使用。

番茄干

番茄干燥而成。相比鲜番茄，浓缩的味道更令人回味。用热水浸泡变软，切成适当的大小使用。

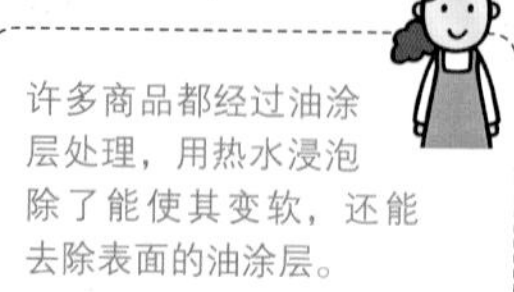

许多商品都经过油涂层处理，用热水浸泡除了能使其变软，还能去除表面的油涂层。

坚果

核桃

口感香脆，美味健康。使用前先放到烤箱中烘烤，可提升味道和口感。

花生

混到面团里使用时，最好选用无盐花生。烘干的花生可直接使用，生花生先用烤箱烘烤后再使用。

椰丝

椰子肉经过干燥处理后，切成长1~2cm的小段。具有独特的香甜味。经过烘烤后加入面团中，多一分清脆口感。

巧克力、香料

白巧克力

白巧克力的特点在于牛奶香和淡淡的甜味。本书中，在制作木莓＆白巧克力面包（p.88）时使用。

巧克力豆

易于与面团混合的小颗粒巧克力。本书中，在制作香瓜面包（p.64）时使用。也推荐用于制作切片面包和玛芬的面团。

可可粉

可可豆搅碎成可可粉后，再研磨成更细腻的粉末状。制作点心和面包时，请使用未添加砂糖和乳制品的可可粉。

肉桂粉

味道浓郁，甜中带辣的香料。与葡萄干和核桃搭配最佳。本书中，在制作肉桂卷式迷你切片面包（p.72）时使用。

其他

红豆馅 / 豆沙馅

可事先购买市售的罐头和真空包装的成品，直接使用比较方便。剩余的部分可以冷冻保存。

罂粟籽

罂粟的种子。分为黑色、白色两种，可用做豆馅面包表面的点缀。如要与面团混合，不仅口感上更加香脆，外观看起来也有变化哦。

红茶

与面团混合时，茶叶需研磨得非常细腻，才能均匀地混合。茶叶包里的红茶本身就十分细碎，可以直接使用。

番茄汁

与面团混合时，请选用无盐的番茄汁。代替水使用时，番茄的风味与漂亮的红色是绝对不容错过的哦。

制作面包的工具

无需任何特别的工具，用日常生活中的简单工具即可制作出免揉面包，省事省心。如果每天都做面包，使用面包划口刀和刮片等工具能帮忙不少哦。

直径 18cm

碗

用 150g 高筋面粉揉制面团时，此尺寸的碗大小正好。若小于 18cm，不易于搅拌混合；大于 18cm，发酵时面团容易变干。

烤盘

本书中所用的烤盘尺寸均为 19×25× 高 4cm。在免揉面包成形过程和切分过程中使用，高度适中，不会造成不便。

电子秤

砂糖和盐等用量较少的配料，必须经过称量。建议使用以 1g 为单位，最大重量为 1kg 的电子秤。水量也可用电子秤精确计量。

橡胶刮刀

混合面团时使用。推荐一体式的硅胶刮刀或者结实而具有硬度的刮刀。刀头部分柔软的刮刀，容易发生形变，不建议使用。

便利工具

刮片

直线部分可用于切分面团、划切口，而将面团从碗里取出时用弧线部分更方便。

万能滤网

撒粉、过滤、滤汁等工序中所用的工具。本书中，在制作快手面包撒粉时使用。一件在手，过滤不愁。

面包划口刀

在面团上划出切口（裂纹）时使用的刀具。可以用其他刀代替，要尽量选用刀刃较薄的刀具。

刷子

烘烤面团前，可用刷子在其表面涂一层蛋液或油。推荐使用常见的硅胶制刷子。

计时器

用于记录发酵时间。制作免揉面包时，不能单一地依赖计时器，还需观察面团的状态进行判断。

这些也是必须品！

大多数家庭常备的保鲜膜、烘焙纸、保鲜袋。面团发酵时需盖上保鲜膜，防止面团干燥。烘焙纸可铺在烤盘里，防止面团粘在烤盘上。混合水分较多的配料时，可使用保鲜袋，操作更方便。

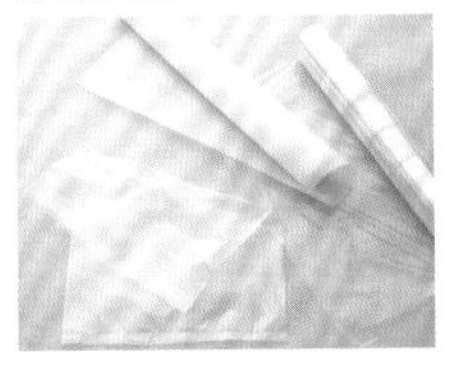

各式模具

蛋糕模

直径 15× 高 6cm 的圆形模具。本书中用于烘烤培根罗勒面包（p.74）和香蕉核桃面包（p.76）。

意式纸杯模

直径6.5× 高5cm的纸质模型。比玛芬型略大，制作免揉面包时将面团分成 4 份放到其中烘烤，大小刚好。

磅蛋糕模

8×18× 高 6cm。本书中用于烘烤迷你切片面包。内侧涂上色拉油或铺上烘焙纸，防止面团粘到模具上。

玛芬模

直径 6× 高 4.5cm 的纸质模型。本书中用于烘烤快手面包中的红辣椒和奶油奶酪玛芬等（p.94）。

面包制作问与答

即便是初学者，制作免揉面包的成功率也很高。但实际操作时，仍会遇到问题或意外。一起来看看，初学者们都陷入到什么样的失败困境、碰到什么样问题，藤田老师又是怎样回答的吧。

问 为什么要在面团中加入砂糖和盐？

最主要的目的在于调味

砂糖和盐能促进发酵，起到加强面筋弹力和黏性的作用。但不管怎样，最主要的目的是调味。尤其是盐，虽然配量很少，但却是决定味道的重要材料。甜味面包里也需要添加盐，通过咸味突出甘甜味，提升美味。

问 可以增加葡萄干与奶酪的配量吗？

在 2 倍以内没有问题

葡萄干和奶酪等水分含量较少的配料，可以增加 2 倍左右的配量。如果多于 2 倍时，可能会影响到面团的烘烤，不建议尝试。而蔬菜类水分含量较多的配料，建议参照食谱配量制作。

问 一次发酵后面团膨松度不足

调节水温和放置面团场所的气温

如果忘记放酵母的话，放到哪里面团都不会膨胀。除此以外，还可考虑是否是放置面团的地方温度过低，或是所加水的温度过低。冬季可参考第 17 页的方法处理，尽力将水温控制在 35 度左右。另外，还可尝试将面团放到温暖的地方，延长发酵时间。

问 一次发酵后，膨胀过度（过发酵）的面团还可以使用吗？

若是用于制作免揉面包，稍稍过发酵后直接烘烤即可

夏季发酵温度过高，或是时间过长，错过发酵的最佳状态后即称为过发酵。其特点是面团变大 2 倍以上，稀松且出现气泡（图片）。制作免揉面包时，过发酵的面团经过烘烤后，可以排出里面的空气，降低面团的膨胀度。不过发酵是一个漫长的过程，除夏季以外，即便是长时间置于室内，也不会出现影响烘烤的过发酵状态。稍微发过头的面团，膨胀度也令人意外，可先捏合成形烘烤看看。另外，用来制作比萨也是一种解决方法。

可以用牛奶或豆奶代替水吗？

建议按照食谱制作

水、牛奶、豆奶的成分不同，水分含量也大相径庭。如果要换用，必须注意吸水量。其间产生的微妙变化对于初学者来说比较难控制，建议先按食谱制作，避免失败。

虽然在圆包上划出了裂纹，但表面不会张开

表面略微干燥，面团紧绷非常重要

如果面团表面比较黏糊，就没办法很好地划出裂纹。揭开保鲜膜，放置 1~2 分钟，待表面变干，散上面粉后再试着划划看。另外，若面团表面的张力不足，裂纹也不会工整漂亮地张开。成形时，可以用小手指的侧面调整面团，使表面紧绷。

出现烤焦的斑块

烘烤过程中前后左右转动烤盘，让面团受热均匀

家用烤箱因型号配置的不同，都会有各自的特点。发热管和风扇附近的温度差较大，烤箱内侧的温度比外侧的温度要高，因此出现烤焦的斑块也无可厚非。掌握烤箱的特点，在烘烤过程中，前后左右转动烤盘，调节面包的成色。

烤出来的面包好难切

刚出炉的面包不要急着切，冷却后再切

刚出炉的面包中含有大量的水蒸气，很难切。冷却降温，水蒸气蒸发后，面包的状态更稳定，更容易切。面包冷却需要一段时间，圆面包和法棍等较大的面包需要 30 分钟左右，餐包需要 10 分钟左右。

可以使用市售的矿泉水吗？

建议使用自来水

使用自来水就足以制作出美味的面包了。矿泉水又因软水和硬水的区别，吸水量均有所不同。自来水最好。

烘烤后，面包的底面与侧边裂开

面团紧绷过度造成

圆包和餐包等，在捏合成形的过程中，需要用小指侧面调整面团表面的张力，如若过度，面包底和侧面就会裂开。面团表面呈平滑状即可，下次制作时注意不要紧绷过度哦。

图书在版编目（CIP）数据

52款免揉面包 / (日) 藤田千秋著；何凝一译. --
北京：煤炭工业出版社，2016
ISBN 978-7-5020-5284-3

Ⅰ. ①5… Ⅱ. ①藤… ②何… Ⅲ. ①面包—制作
Ⅳ. ①TS213.2

中国版本图书馆CIP数据核字(2016)第102505号

52 款免揉面包

著　　者（日）藤田千秋　　**译　　者** 何凝一
策划制作 北京书锦缘咨询有限公司（www.booklink.com.cn）
总 策 划 陈　庆　　**策　　划** 滕　明
责任编辑 马明仁　　**特约编辑** 郭浩亮
设计制作 王　青

出版发行 煤炭工业出版社（北京市朝阳区芍药居 35 号　100029）
电　　话 010-84657898（总编室）
010-64018321（发行部）010-84657880（读者服务部）
电子信箱 cciph612@126.com
网　　址 www.cciph.com.cn
印　　刷 北京彩和坊印刷有限公司
经　　销 全国新华书店

开　　本 710mm × 1000mm 1/16　**印张** 9　**字数** 55 千字
版　　次 2016 年 8 月第 1 版　2016 年 8 月第 1 次印刷
社内编号 8141　　**定价** 39.80 元